化工设备

与安全管理研究

刘少华　李伟新　陈春雨◎主编

中国商业出版社

图书在版编目（CIP）数据

化工设备与安全管理研究 / 刘少华，李伟新，陈春雨主编. -- 北京 : 中国商业出版社，2025. 3. -- ISBN 978-7-5208-3349-3

Ⅰ. TQ05

中国国家版本馆 CIP数据核字第 2025PJ3630号

责任编辑：郑　静

策划编辑：武维胜

中国商业出版社出版发行

（www.zgsycb.com　100053　北京广安门内报国寺 1 号）

总编室：010-63180647　编辑室：010-83128926

发行部：010-83120835/8286

新华书店经销

武汉市卓源印务有限公司印刷

*

710 毫米 ×1000 毫米　16 开　7.25 印张　108 千字

2025 年 3 月第 1 版　2025 年 3 月第 1 次印刷

定价：68.00 元

****

（如有印装质量问题可更换）

前　言

自改革开放以来，我国经济和社会发生了巨大变化，取得举世瞩目的成就。在改革和发展的浪潮中，我国化学工业伴随整个社会的进步，焕发着勃勃生机，其发展速度快于第二产业的平均发展速度。化学工业与国民经济各部门密切关联，在国民经济中占有十分重要的地位，对我国经济和社会的影响深远。没有现代化学工业，就没有当今经济和社会的健康发展，化学工业的发展水平已成为衡量一个国家综合实力的重要标志。

在化工生产的过程中，安全生产是保证整个生产过程安全的前提。由于生产的物质本身具有有毒、腐蚀、易燃易爆等性质，所以，在生产过程中需要更加严格的生产流程、更加完善的规章制度、更加严谨的管理，如果不能做到这些，就可能会发生安全事故，如火灾、中毒、爆炸等，轻则严重影响企业的正常运行及经济效益，重则会造成人员伤亡。为了保证工厂的安全生产、平稳运行、健康发展，就需要营造安全的生产基础。

化学工业是我国国民经济的重要支柱产业，又是潜在危险性较大的行业。由于危险化学品所固有的易燃易爆、有毒有害的特性，并随着高参数、高能量、高风险的化工过程的出现，化工事故隐患越来越多，事故也更加具有灾害性、突发性和社会性，可造成严重的人员伤亡、财产损失和环境污染。目前，化工生产过程安全问题成为制约化工行业发展的突出问题之一，尤其是化工设备的安全问题。本书通过对一些安全控制技术与常见设备维护管理工作进行介绍，力图达到举一反三的目的，保障化工安全生产、降低伤亡事故和财产损失。书中包括化工设备检修及维护安全技术、化工企业常见设备维护管理、化工机械安全管理化工安全应急预案与应急救援等方面的内容，从日常巡检到故障排查修复，均有细致讲解。

本书旨在通过这些内容，助力读者触类旁通，全面提升化工生产安全水平，有效预防伤亡事故，最大程度减少财产损失，为化工企业稳健发展筑牢坚实根基 。

本书既可以作为危险化学品从业人员安全生产的培训教材，也可以供企业安全管理人员及相关工程技术人员进行参考。

目录

CONTENTS

第一章　化工设备概述

第一节　化工设备节能方法与高效节能设备

能源是世界经济发展的重要物质基础之一，我国能（资）源虽然丰富，但人均占有量很低。目前，中国能源面临严峻的形势和挑战：能（资）源紧缺；能源利用效率远低于发达国家，多数企业是以大量消耗资源为代价换取经济的高速增长。节约能源、合理用能是全球性的发展战略，作为用能大户的化工生产行业，对这个问题应更加重视。节能降耗就是采取技术上可行、经济上合理、环境和社会可接受的一切措施，来提高能（资）源的利用效率，最大限度地减少消耗。

一、国内外化工节能的方法

（一）加强能源管理

目前，日本在能源管理方面处于领先地位。工业发达国家在化工生产领域通过加强能源管理，可使生产能耗降低 7% ~ 20%。加强能源管理的基础工作包括：建立能耗计量，测定热平衡，严格岗位责任制，健全操作管理和设备管理制度，杜绝跑、冒、滴、漏现象，提高保温效率，改善设备状况，使其在安全稳定生产的基础上长周期运转。[①]

（二）采用新的节能工艺和设备

改进工艺过程是化工企业节能降耗的重要手段。化工企业可以通过改进工艺，降低工艺总用能和过程㶲损耗，从源头上实现节能降耗。工艺改进主要包括采用新的催化剂和助剂等提高目的产品生成率；开发新工艺，提高装置操作弹性，从而降低能耗。

工艺装置热集成，优化换热网络。能量回收系统的热集成主要是通过换热网

① 李红亚．化工设备机械基础 [M]. 成都：电子科技大学出版社，2023.

络优化、提高能量回收率、减少冷却负荷、减少燃料消耗实现的，较为典型的方法是依据热力学概念发展起来的夹点节能技术，人们可利用其对换热网进行改进，在投资和节能效益之间权衡，达到最优。

但是，夹点技术只是针对换热网发展起来的分析方法，不像㶲分析是基于热力学的分析方法通用，在某些场合（如有热泵存在时），㶲分析法所得到的有用信息远比夹点分析法得到的多。虽然夹点技术可以进行能量回收，给工业生产带来显著提升和良好的经济效益，并且已逐渐代替传统的㶲分析法，但它没有目标函数，不能算是一种严格的系统优化方法，改进不能等同于优化，目前，还不能广泛使用。

采用新型催化剂。催化剂决定了装置的操作压力，影响反应物的消耗、目的产品的收率和产率，也影响构成能耗的反应热。

（三）降低动力能耗

动力能耗主要包括电力消耗和蒸汽消耗，是化工企业能耗的主要部分。降低动力消耗可以采取以下措施。

采用电动机变频调速技术。基于目前多数化工企业装置负荷率较低的现状，采用电动机变频调速技术无疑是节能的有效途径，如在加氢裂化装置的中低压泵和空冷器上就采用了此项技术。一般来说，只要电动机实际负荷低于设计负荷的70%，而且额定功率大于10 kW，采用变频调节器就有较好的经济效益。

供热供电系统优化。供热供电系统优化方法必须打破单套装置的界限。例如，供热系统优化是根据不同温位热源的特点，合理地实行装置间的联合，在较大范围内进行冷热物流的优化匹配，从根本上避免“高热低用”，实现能量利用的最优化。

降低水资源消耗。我国水资源短缺，化工企业又是耗水大户，相关企业应重视水资源管理，杜绝跑、冒、滴、漏和长流水现象，积极推广污水回用技术，降低水资源消耗。

（四）节能技术改造

节能技术改造应当重点抓高耗能行业的重点企业中技术比较成熟的项目。例如，中型合成氮厂将低压锅炉改为中压锅炉，热效率可明显提高；硫酸厂设置废热锅炉回收利用反应热，每吨酸可产压力为3.8 MPa的蒸汽，使用1 t酸产生的蒸汽就相当于节省了 0.12 t 标准煤。目前，我国烧碱厂部分能耗过高，若有步骤地调整单效和双效蒸发为三效蒸发，可使每吨碱蒸汽用量降到 3.5 t 以下，对化工节能可起到关键性作用。

（五）能量综合利用

化工企业使用的能源种类多，品位高低不等，工艺过程兼有吸热和放热。化工企业应采用系统工程学的方法研究能量的总体利用，把生产中大量使用的燃料、蒸汽、电力、机械能和生产过程中产生的可燃性气体、反应热及多种余能有效地组合起来，以求得系统能量的高效利用。一般认为，在大型化工装置中（合成氨、乙烯装置等）采用燃气透平带动压缩机再将尾气用于转化炉的热效率最高。目前，采用蒸汽带动离心压缩机和离心泵已经很普遍，这有利于高品位能的合理应用，但化工企业消耗的 80% 左右总热能最终是以低位热能放出的，因此，低位热能的有效利用是提高化工能源利用率的关键。目前采用的低位热能节能技术有热管、热泵、吸收制冷、低沸点介质应用、低压蒸汽透平等。

（六）抗垢剂和除灰剂的应用

化工企业中，连续运行的换热器很容易出现结垢现象，导致换热效率降低。这就需要人们通过化学清洗或者机械清洗的方法将其清除，而注入抗垢剂来防止结垢或减缓结垢速度是一种简单易行的办法。

加热炉的除灰设备多采用蒸汽除灰器，但实践证明，除灰器的效果不佳，长期运转容易损坏，致使加热炉排烟温度升高，从而降低加热炉的效率。采用适当的除灰剂可以有效缓解这种状况。

（七）节能涂料的应用

因生产环境的特殊性，化工设备的防腐保温工作非常重要，如塔设备、换热设备、反应设备、贮罐等的腐蚀问题，同时，这些设备和管道的保温问题也越来越受到人们的关注。目前，防腐保温涂料发展迅速，各种新型防腐保温涂料层出不穷。

二、高效节能设备

采用高效节能设备（高效分馏塔、换热器、空冷器、泵、压缩机、加热炉等）有直接且明显的节能效果。世界各国对于高效节能设备的研究改进主要集中在以下几个方面：①传质设备，包括高容量的塔盘、构型填料、革新的不规则填料及静态混合器；②换热器，全世界管壳式换热器每年的贸易额为30多亿美元，有关制造方法也不断得到改进，以减少结垢因素和提高传热系数；③旋转设备（压缩机、泵），目前主要是改进其使用寿命和性能，并降低成本；④反应器，用先进的模拟方法设计新的反应器；⑤锅炉，全世界锅炉的年贸易额为4.0亿～4.5亿美元，目前的研究集中于改进裂解炉、水蒸气重整和提高高压锅炉的效率与总体性能方面。

在化工行业推动结构调整和产业升级的过程中，节能环保设备、出口和替代进口设备、储运设备等的未来发展前景比较乐观。未来一段时期，除已经出现产能明显过剩的焦炭等行业会对其相应设备制造业产生进一步的紧缩影响外，化工设备的市场需求依然巨大，包括炼油、乙烯在内的大型石油和化工成套技术装备，化肥、煤化工、子午线轮胎成套技术装备，甚至一些医药和精细化工成套技术装备的市场需求也将日益增加。

未来几年内，我国装备制造业的发展热点领域有：①炼油和乙烯将作为石油化工的龙头和核心；②煤化工产业稳步发展，煤化工技术不断取得突破，大型煤制油、煤制烯烃、煤制甲醇和二甲醚装置的建设进展顺利；③农用化工进一步发展；④汽车、电子、建筑等配套的精细化工产品和新型材料的需求量将快速提升；⑤汽车工业崛起将继续带动轮胎工业发展。

（一）化工节能新设备

过去几年，化工设备发展趋势主要是提高单体设备的生产能力，相应采取的主要措施是设备的大型化。在达到相同处理量的前提下，大型设备生产成本比小型设备成本低，建造大型化工设备成为规模经济下设备的主流趋势。但大型化工设备容易受其他工艺设备规模的限制。因此，为了增大装置规模，使用相对较小的工艺设备进行大流量处理就变得愈加重要。这种相对较小但能处理大流量的设备就是先进工艺流程下所需要的一种新型节能设备。

根据传热方程，在传热面积和温差一定时，提高传热系数就可以提高传热速率。人们对换热器管壁流体流动状态的分析发现，由于两侧的冷热流体在紧靠管壁处处于热阻较大的层流状态，因此，必须改变管壁处流体的流动状态，增大其紊流程度，这样才能改变总传热系数由管内膜层流传热系数控制的状况。内波外螺纹换热器就是基于这样的原理来强化换热器传热效果的。该换热器管壁呈内凸外凹的波纹形，当流体流经管壁的凹凸槽时，会产生一个方向始终垂直于层流流动方向的纵向涡流。该涡流使层流层受到冲击干扰，转变成紊流状态，从而提高了总传热速率。由于此型换热器的特殊设计同时强化了管束两侧的传热。近年来，它正逐步取代人们常用的浮头换热器，并在一些化工行业得到应用。

（二）改造升级旧设备

对于新建项目或者扩建项目，可以采用化工新设备提高效率；而对于已有项目，则可以通过局部改造，将设备升级为节能高效设备。

加热炉是重要的升温设备，若在加热炉上采用新型燃烧器火嘴，则可以提高加热炉燃料的燃烧效率。燃烧器火嘴的结构决定了燃料的雾化性能和燃烧效果，这一点对重油燃料极为重要。针对重油燃料的高黏度特性，北京航空航天大学成功开发了内混合多孔互击式音速空气雾化火嘴。该雾化火嘴可使重油雾化粒度小于 20 μm，具有雾化性好、燃烧充分、不易结焦堵塞的特点。与其他重油燃烧器相比，其可节约燃料 10% 左右。这种新型火嘴已实现了工业应用，并取得了较好效果。

随着煤化工行业的迅速发展，作为化工基础原料的甲醇生产也在迅速发展。目前，除一部分氮肥厂还在继续联醇生产外，其他氮肥厂 60 万 t/a 的甲醇装置已先后开始建设，特别是在煤产量较多的山西、内蒙古和天然气较多的四川、重庆等地的一些企业，使用焦炉气和水煤气、天然气大规模地生产甲醇已成为发展趋势。因此，对于精馏塔装置的改造升级是节能的需要。例如，中煤龙化哈尔滨煤化工有限公司的 4 万 t/a 甲醇装置，其精馏塔装置为苏联式设计，采用的是筛板式塔板，为了提高甲醇产量，技术人员对其进行了改造。精馏塔改造主要是对塔板进行改造，首先将精馏塔塔板材质全部更换为 Cr18Ni10Ti，然后采用北京泽华化学工程有限公司设计的 ADV 高效微分浮阀塔盘，经过改造，其能耗降低，经济效益大幅度提高。

节能工作是一项系统工程，化工生产的特点决定了这个行业必然要消耗较多的原料和能量，并排放出大量的废物。节能工作是采用先进的工艺、技术、设备与规划设计方法对现有生产系统进行改造，可减少整个生产系统的能源与物质消耗，最佳配置系统相关资源，按照能源品质实行能量的梯级利用与多次利用，将能源利用过程与用能需求匹配。此外，化工企业的“大规模、长周期、系统联合”是能耗大幅度降低的一个非常重要的因素，合理优化公用工程系统也是降低生产能耗的关键。企业节能，一方面应从减少装置的跑、冒、滴、漏入手；另一方面要采用先进的节能技术对装置和设备进行局部节能优化。节能的前提是采用能量平衡等方法摸清装置的用能现状，挖掘节能潜力，并结合生产发展规划，制订统一的节能计划和措施，确定节能改造项目，最终实现全方位持久性的能源优化利用。

第二节　化工工艺与化工设备

化工产品是借助化工设备依照特定的化工技术生产而成的，在实际的生产加工过程中，最为重要的就是化工设备和化工工艺的适应性。若化工设备和化工工艺之间的适应性较高的话，其生产的效率也就较高且化工产品质量也随之提高。如果两者适应性较低的话，其生产效率也就较低，产品的不合格率也会随之提升，严重时还会导致安全事故，将对员工安全与企业经济效益产生较大的影响。因此，需要优化化工工艺、改造化工设备，提升两者的适应性设计，进而满足化工企业生产发展的需要。

工艺流程设计是化工工程设计的初步阶段，而化工设备结构设计和工艺流程设计是密切关联的，只有利用高效且安全的化工过程设备才能更好地服务化工生产。若化工工艺设计与化工设备两者缺乏协调性，就会对化工生产安全与效率产生极大的影响。因此，在进行工艺与设备适应性设计时就要合理考虑上述问题。

一、化工工艺及化工设备概述

（一）化工工艺的内涵

化工工艺是指利用特殊的化工生产工艺将化学原料加工成化学产品的过程。通常情况来说，化工工艺的生产流程为：首先是化学原料初步处理，主要包含化学原料的碾碎和提纯；其次是初步的化学原料反应，简单来说就是通过适当调整生产温度，添加适当的催化剂，缩短原料反应的时间；最后是精加工处理化学产品，保证其与生产标准相符。[①]

（二）化工设备的内涵

具体来说，化工设备就是化工企业生产过程中能够应用到的设备、工具，包含化工机械中的部件、工具等，通常情况下我们也将其称为非标准设备。化工设备的种类多种多样，如按照功能的差异，可以将化工设备分为换热器、化工容器、结晶设备、分离塔器、加热炉及其他相关的化工生产设备。

二、化工工艺与化工设备适应性设计的必要性

伴随着我国经济进步与发展，我国化学工业领域实现了飞速发展，作为我国物质文明建设的主要代表，化学产业在我国经济发展之中占据着十分重要的地位，而化学产业中直接反映了我国化工行业发展能力与水平的则是化工工艺的设计质量及水平。其中，作为化工生产的关键组成部分的化工设备及化工工艺则是推动化工产业深入发展的基础力量。由于化工工艺技术较高，难度较大，同时在设计过程中人们也没有考虑化工设备的质量，导致当前实际化工生产中企业难以保证生产安全。除此之外，由于化工原材料往往是有毒的物质，而当前化工设备的质量与设计情况难以满足化工原材料长时间的生产要求时，化工设备就难以与化工工艺的要求相符，因此，在实际化工生产过程中频繁地发生安全事故。化工工艺与化工设备设计的问题是当前化工生产中亟待解决的问题。因此，基于这样的需求，人们就要加强化工工艺与化工设备的适应性设计，保证两者设计的质量，借此确保生产的安全性。

三、化工工艺的适应性设计

（一）化工工艺参数的控制

工艺参数控制的主要目的是保障化工生产安全进行，因此，在化工工艺生产过程中加强对工艺参数的控制有着非常重要的意义。工艺参数包含的内容有物料配比、温度、压力和流量等，对这些参数进行有效控制是确保物料能够满足生产的基本要求。在所有的控制参数中，温度和压力是最重要的两个控制参数。首先是温度，对温度的合理控制有利于保证产品质量和降低消耗。在化工生产过程中，

① 王乐平，朱玉梅，马娟．化工设备与机械 [M]. 北京：北京工业大学出版社，2019.

温度过高或过低都会给生产带来不利的影响。当温度过高时会导致化工生产厂中物料的剧烈反应，甚至有时会引起爆炸，给员工和企业带来重大的损失；温度过低时由于反应速率减缓会导致物料相互挤压，当温度恢复正常后，大量积累的物料由于同时反应从而使反应较为激烈，也有可能引起爆炸。由此可见，在化工工艺生产过程中，对温度的有效科学控制有着积极意义，化工企业的技术人员必须重视对温度的控制，否则后果不堪设想。除此之外，作为重要控制参数之一的压力，在整个化工的生产过程中也发挥着重大作用，压力的高低对生产过程中的物料、温度及化工工艺的顺利运行都有着不可替代的作用。在传统的烧碱蒸发工艺中，人们往往会利用真空蒸发的方法，以达到三个“降低”的目的，即降低二次蒸汽的饱和温度，降低对设备材料的限制及降低烧碱的蒸发温度。

（二）避免化工设备出现腐蚀问题

在烧碱工艺中逆流降膜蒸发工艺是比较常用的工艺，工艺过程中碱液从降膜蒸发器的顶部受重力的作用借助换热管内壁向下流动变成液膜状。此工艺中，人们在换热管的顶部或管头处安装了一个造膜器，提高了碱液向下流动过程中的分布均匀度和传热系数。碱液在流动过程中要通过蒸发使液体的浓度达到一定的值，因此，工作人员必须确保换热管的长度以保证传热效果。在烧碱制作工艺中有一个被称为蒸发分离室的装置，其是用来分离经过加热的碱液所产生的气液，气液经过分离后，蒸汽和浓缩后的碱液从不同地方排出来。在整个烧碱的制作过程中，由于烧碱具有较强的腐蚀性，因此，设备必须具备耐腐性。在所有的设备制作材料中，镍和镍合金由于具备较高的强度和良好的塑性及韧性，并且便于焊接和冷加工，从而成为烧碱生产企业选择生产设备的首选。烧碱工艺中所涉及的所有设备如蒸发器、储罐、泵及换热器等都可以用镍和镍合金材料来制作。

通过对化工设备的定期性保养及维修，能够避免设备出现腐蚀问题，保证化工生产正常进行。受到实际化工环境的影响，设备长期处于高压、高温的运行状态，容易出现设备腐蚀问题，不利于减少设备的损坏率，工作人员需要根据实际工作状况，进行设备防护方案优化，确保化工生产正常进行，如提升化工生产中烧碱的利用效率，使用烧碱时产生剧烈的放热反应等。为了解决实际问题，我们必须将烧碱的器材设计为反流降膜，从而实现对重力作用的有效利用。在管内流动时，碱液会向下涌动，液体随着管内壁温度的变化而变化，确保其传热效果。

为了提高化工生产效率，在烧碱工作中，必须增强化工设备的防腐性。

（三）提升化工工艺的安全性

为了提升化工生产效益，各生产企业必须确保各个生产设备及程序的运作安全性，这是化工生产的核心发展目标，并且可以提升企业对安全生产的重视，实现对工作者生命财产安全的维护。压力容器是常见的化工生产设备，在设计环节中，人们需要认真分析化工设备的结构状况、性能状况等，然后进行化工工艺重点规划，实现化工工艺的合理性调节，增强化工设备的运作水平，以减少安全事故，降低化工生产流程的能耗。

（四）设备结构的安全和检验

化工企业的生产和经济效益提高离不开生产设备的安全运行，因此，对生产设备的安全检验是一项非常重要的工作。例如，生产过程中由于物料的腐蚀性等因素会使压力容器存在腐蚀、变形等问题，如果企业不对这些问题进行及时检验和排除，它们就会对整个化工工艺产生严重的不利影响，同时也会给生产人员的人身安全埋下隐患。除此之外，重视设备结构的安全和检验可以保证化工产品的顺利生产，保证产品的质量和产量，从而有利于增加企业的经济效益。

四、化工设备的适应性

（一）设备结构的安全性

为了保证化工设备能够正常使用，必须提升设备的耐高压性、耐高温性，避免其出现爆炸等问题，就需要使用特殊结构设备，并对接口位置进行密封性操作，提高化工设备的应用效率；需要优化化工设备应用结构，提升结构的稳定性、牢固性、耐腐蚀性，提高化工设备的使用效益。

（二）环保型设备设计

在居民日常生活环境中，噪声问题是普遍存在的，它们不利于人们的日常生活。为了适应现阶段经济可持续性发展的要求，企业必须进行环保型、高效型设备设计，降低管束工作中的振动频率，有效减少噪声问题。这需要企业提高设备的工作效率，保证设备正常运行。根据我国法律规定，工业噪声需要小于 80 分贝，为了达到这个目的，人们需要使用 U 形管束，实现设备尺寸调整，做好零部件维修及更换工作，遵循科学性的设计规范原则进行设备结构调整，减小设备噪声，确保化工工艺程序正常开展。

（三）化工设备的耐用性设计

化工设备的应用效益取决于其内部结构的耐用性。在化工设备设计中，进行化工设备结构优化是十分必要的，这需要人们进行不同零件结构的分析，并在零部件维修过程中，针对零部件的周期及使用周期展开分析，保证零部件及时更换。

在化工工艺及设备的设计过程中，遵循适用性的工作原则是十分有必要的，这需要技术人员深入贯彻低耗能的设计理念，做好零部件的清洁工作，确保低耗能设计方案合理应用。这需要引起相关技术人员、生产人员的重视，提高化学工艺生产效率，节约化工能源，使用高效率传热设备，增强设备的传热能力，切实提高化工设备的使用效率，以满足现阶段化工工艺及化工设备的工作要求。

第三节　化工设备的设计原理

化工设备应用广泛，结构形式复杂，安全可靠性要求高，企业对化工设备设计人员的要求也随之提高。化工设备的工程设计包括设计原理和绘图方法。了解化工设备的设计原理，对于设计人员把握设计产品的安全合理性至关重要。把握化工设备的绘图方法对于提高企业的设计效率大有裨益。本节就化工设备的工程设计方法和实际中遇到的问题进行探讨。

一、设计的原理

化工设备设计主要是在把握设计标准的基础上设计出安全、合理、经济的产品。标准规范介绍了各种形式化工设备的设计原理和规则。要熟悉化工设备的设计原理，设计人员就需要了解化工设备的结构和计算模型。①

化工设备根据结构不同，具有不同的计算模型，卧式容器的计算模型是对称外伸悬臂梁，塔器的计算模型是多自由度振动体系。总的来说，化工设备的计算模型可以从结构、约束和受力三方面来分析。化工设备的结构由外壳、内件和支

① 谭蔚. 化工设备设计基础 [M].4 版. 天津：天津大学出版社，2021.

座等组成，其外壳多为圆柱壳体或球壳。约束指的是设备的支撑方式，包括支座、鞍座、裙座和球罐支柱等。其受力主要是压力、液柱静压力和接管载荷等。不同形式的设备承受不同的载荷，并且主次载荷并不相同，如卧式容器和换热器不考虑横向风载荷，但是塔器和球罐不仅需要考虑风载荷（且是主要载荷），还需考虑水平风力和水平地震力。

化工设备设计的原理包括结构的设计和计算。结构设计主要是确定不同设备的外形和内件形式，使其满足工艺要求；结构计算主要是确定计算模型，使设备及零部件满足强度、刚度、稳定性和使用寿命的要求。此外，设计是制造的上游工序，因此，设备设计时还要考虑制造和检测的要求。

（一）工程设计方法

化工设备的设计包括零部件的设计和总体设计。化工设备的具体设计方法包括材料选择、结构选型和尺寸计算。材料选择时人们需要考虑工艺介质和各种材料的物理、化学和机械加工性能等。结构选型一方面指的是工艺的设备选型，另一方面指的是设备的强度计算模型，如开孔补强方法是采用补强圈还是厚壁管或者增加壳体壁厚的整体补强。尺寸计算指的是确定满足工艺要求和设备强度要求的尺寸。

零部件的设计可分为标准件选型和非标件设计。对于标准件选型来说，其需要设计者充分了解标准件的适用范围，做到既满足工艺和结构要求，又经济合理。当设备的设计条件超出标准件的使用范围时，就需要设计者设计非标件。对于非标件设计来说，其需要设计者从计算模型上把握产品的合格标准，在满足产品要求的前提下，追求设计最优化。非标件的设计经常使用经验对比的设计方法，这主要是以标准件和竣工图纸的形状与尺寸作为初始参数，然后补充输入新的设计参数，工作人员利用 SW6 的校核模式来验证其是否合格，若合格则可采用，否则就需要修改尺寸，重新校核，直至合格。这种方法既可以借鉴原有的成功经验，又同时满足计算的要求，提高了非标件设计的效率。

总体设计是将整个设备作为一个计算模型，重点考察零部件之间的连接方式及连接后产生的局部应力，同时分析整个设备在整体载荷下的安全问题，如塔器在风载荷、地震载荷和内压共同作用下的应力响应。

SW6 是化工设备计算软件，包括零部件设计和设备设计。设计人员利用计算机的计算方便性，结合理论知识，从而提高了设计的效率和产品的品质。

1. 化工设备的壁厚

化工设备是根据弹性失效和弹塑性失效准则来设计的。壁厚尺寸是设备满足载荷和工艺要求的关键尺寸。理解化工设备各种壁厚的含义对于合理准确的设计至关重要。计算壁厚指的是满足强度要求的厚度，这是强度要求的厚度，以解决设备在这种载荷下可不可以用的问题。最小壁厚大多是刚度要求的厚度，用来解决设备变形的问题。腐蚀裕量保证了设备的使用寿命(对均匀腐蚀来讲)。设计厚度是强度和使用寿命要求的厚度，其等于计算厚度（或最小厚度）加腐蚀裕量，因此，设计厚度可以保证设备在使用寿命内的强度安全。

筒体的名义厚度 = 设计厚度 + 负偏差 + 圆整，圆整量是富余的厚度，此类富余厚度反映出设备的最大允许工作压力往往大于设计压力。封头的名义厚度需要人们考虑制造减薄率，封头的最小成形厚度只有大于或等于设计厚度才能保证封头的强度和使用寿命。

2. 不同设备壁厚的决定因素

不同的设备有不同的计算模型，因此，不同的设备也就具有不同的关键厚度。关键厚度指的是决定受压元件名义厚度的厚度。球罐的关键厚度是内压、开孔补强、a 点组合应力决定的厚度中的最大者。根据经验，球罐壳体的壁厚大多由支柱和壳体相交最低点的应力决定。卧式容器的关键厚度是内压、开孔补强、鞍座应力决定的厚度中的最大者。一般来说，中低压卧式容器的壁厚大多是由鞍座处壳体厚度决定的。塔器的关键厚度是内压、开孔补强、地震力和风压决定的厚度中的最大者。中低压塔的最大壁厚是由地震力和风压共同决定的。大型储罐的壁厚是由内压（氮封压力）、风压、地震力、物料和自重决定的。一般来说，壁厚主要是由液柱静压力或内压决定的。除此之外，对于一些特殊的容器，我们还需要特别考虑接管载荷对壳体厚度的要求，如高温高压反应器封头上接管载荷对封头壁厚的要求。了解不同设备的关键厚度，对于我们掌握化工设备的安全设计至关重要。

（二）设计标准

设计标准是设计的依据。设计者只有熟悉设计标准的内容、领会设计标准表达的内涵，才能准确地利用好标准，设计出合格的产品。

标准按照设计内容可以分为设备标准、零部件标准和施工标准。设备标准包括塔设备、换热设备、反应设备、储运设备标准。零部件标准包括钢制管法兰、紧固件、垫片、设备法兰、支座等标准。除此之外，设计者要了解压力容器的材料标准，在已知的介质和环境条件下选择合适的材料，保证结构的安全和使用寿命。

我国标准的特点是相互联系、相辅相成，学习标准不可"只见树木不见森林"。首先，就单个标准来讲，设计者要把握标准的使用范围和选择原则；其次，由于我国标准是层层相关的，包括法规、规范、行业标准等，因而使用标准时设计者不仅要把握该标准本身，还要结合与该标准相关的其他标准，这样才能更透彻地理解标准的含义，更准确地把握标准，设计出更优秀的产品。

随着社会和学术的发展，标准规范也在不断更新，各个国家的标准也存在差异。对于更先进、更经济的新标准来说，老标准相对保守、不经济，存在不足。因此，设计者要不断学习新标准，学习新的设计方法和设计理念，这样才能做到与时俱进，设计出更加安全可靠、经济合理的产品。

（三）绘图

图纸是设计理念和结果的表达。化工设备由于其结构特点，其绘图方法也和一般的机械制图不太一样。绘图对于化工设备的设计十分重要：一是可以表达设计理念；二是可以确定零部件的配合尺寸；三是可以检查设计中的一些干涉问题。

化工设备的绘图顺序是先按比例绘制所有的零件图，之后利用配合关系组装出总图。当零件之间，特别是内件之间存在干涉时，设计者需要重新修改零件尺寸，校核验证，直至没有干涉为止。首先，在绘制整体的装配图后，需要绘制零件之间的节点图，如焊接节点图、局部放大节点图等。其次，添加必要的制造、检验和安装使用的技术要求。最后，统计材料，填写明细表，完成绘图。

绘图中的尺寸可以分为两类：一类是计算出来的精确尺寸，如工艺的筒体内径和管口尺寸，根据设备强度计算出的筒体壁厚等；另一类是规则经验尺寸，也就是说该类尺寸不需要经过精确的公式计算，是根据规则和经验而定的，如高温塔器裙座的过渡段长度是保温层厚度的五倍以上，且不小于 500 mm；焊缝间距宜大于三倍壁厚且不小于 150 mm 等。因此，绘图尺寸来自设计者的计算和设计规则。

传统的 CAD 绘图方法自动化程度不高，生产效率低。随着计算机的发展，更加智能的绘图方法不断出现，大大提高了绘图效率和准确性，如交互化、智能化的化工设备 CAD 绘图系统、PVCAD 系统等。

二、存在的问题和建议

化工设备的设计标准都有一定的使用范围，实际设计中往往会超出标准的使用范围，如计算模型不同、载荷工况不同等。因此，设计者不仅要把握标准的内容，同时还要把握计算的本质，在有标准的时候严格使用标准，在没标准可以参照的时候，设计者要依据相关的知识，运用合理的简化和计算方法设计出合格的产品，如螺纹锁紧环换热器、夹套搅拌容器等。这类设备的设计一方面可以利用经验对比法，参考以前的图纸进行结构设计；另一方面，设计者要根据力学的原理，建立力学模型，进行计算校核。此外，利用有限元法可以对复杂的结构进行分析设计、优化设计或校核等。

设计标准的层次和行业众多，针对同一问题，不同的标准可能具有不同的表达方式或者侧重点。设计者不仅要把握标准的内容，更要理解编制标准者的初衷，把握标准的原理，在众多的标准中选择最适合产品工况条件的标准进行设计。

设计中需要经常使用标准件，使用标准件可以方便设备的设计和制造。标准件可以直接选择型号，不必再进行计算。但是，实际设计中，当我们选择了标准件，同时需要修改标准件的某个尺寸时，此时的标准件就不能算标准件了，必须重新计算，合格后才可选用，如球罐人孔法兰盖，可以选择标准件，如果有需要可在法兰盖中心再接一个排凝管，此时法兰盖就算是非标件了，需要人们重新计算。类似的问题还有标准法兰的内径选择，标准法兰一般并不给出法兰内径，只是要求法兰内径与对接的接管内径相同。由于接管和法兰的计算模型不同，接管的壁厚和法兰应力校核需要的直边段厚度不一定相等。因此，在苛刻工况下，为了安全可靠，应进行必要的校核后再选用。

化工设备的工程设计方法包括设计的原理、标准和绘图方法。设计原理是设计的根本，设计标准使设计更加规范和准确，绘图是设计思路和计算结果的表达，设计原理和图纸相辅相成。只有了解了化工设备的计算原理和设计标准之后设计者才能设计出安全经济合理的产品。

第二章　化工设备检修及维护安全技术

第一节　概述

一、化工安装和检修的特点

化工生产具有高温、高压、腐蚀性强等特点，化工设备、管道、阀件、仪表等在运行中易于受到腐蚀和磨损。为了维持正常生产，尽量减少非正常停车给生产造成的损失，必须加强对化工设备的维护、保养、检测和维修。

（一）化工检修

化工检修分为计划检修与计划外检修。

1. 计划检修

按计划对设备进行的检修，叫作计划检修。例如，通过备用设备的更替，来实现对故障设备的维修；根据设备的管理、使用的经验和生产规律，制订设备的检修计划，按计划进行检修。根据检修内容、周期和要求的不同，计划检修可以分为小修、中修和大修。

2. 计划外检修

在生产过程中设备突然发生故障或事故，必须进行不停车或停车检修。这种检修事先难以预料，无法安排检修计划，而且要求检修时间短，检修质量高，检修的环境及工况复杂，其难度相当大。在目前的化工生产中，计划外检修是不可避免的。

（二）化工检修的特点

化工检修具有频繁、复杂、危险性大的特点。

1. 化工检修的频繁性

所谓频繁是指计划检修、计划外检修次数多，化工生产的复杂性决定了化工设备及管道的故障和事故的频繁性，因而也决定了检修的频繁性。

2. 化工检修的复杂性

生产中使用的设备、机械、仪表、管道、阀门等，种类多，数量大，结构和性能各异，要求从事检修的人员具有丰富的知识和熟练的技术，熟悉和掌握不同设备的结构、性能和特点。检修中由于受到环境、气候、场地的限制，有些要在露天作业，有些要在地坑或井下作业，有时还要上、中、下立体交叉作业，这些因素都增加了化工检修的复杂性。

3. 化工检修的危险性

化工生产的危险性决定了化工检修的危险性。化工设备和管道中有很多残存的易燃易爆、有毒有害、有腐蚀性的物质，而检修又离不开动火、进罐作业，稍有疏忽就会发生火灾爆炸、中毒和灼伤等事故。统计资料表明，国内外化工企业发生的事故中，停车检修作业或在运行中抢修作业中发生的事故占有相当大的比例。

二、化工检修安全管理

（一）组织领导

大修和中修应成立检修指挥系统，负责检修工作的筹划、调度，安排人力、物力、运输及安全工作。在各级检修指挥机构中要设立安全组，各车间的安全负责人及安全员与厂指挥部安全组构成安全联络网。各级安全机构负责安全规章制度的宣传、教育、监督、检查，并办理动火、动土及检修许可证。化工检修的安全管理工作要贯穿检修的全过程，包括检修前的准备，装置的停车、检修，直至开车的全过程。

（二）制订检修计划

在化工生产中，各个生产装置之间，或厂与厂之间，是一个有机整体，它们相互制约，紧密联系。一个装置的不正常状态必然会影响到其他装置的正常操作，因此，大检修必须有一个全盘的计划。在检修计划中，根据生产工艺过程及公用工程之间的相互关系，要确定各装置先后停车的顺序，停水、停气、停电的具体时间，灭火炬、点火炬的具体时间。还要明确规定各个装置的检修时间、检修项目的进度，以及开车顺序。一般都要画出检修计划图（鱼翅图）。在计划图中标明检修期间的各项作业内容，便于对检修工作的管理。

（三）安全教育

化工装置的检修不仅有化工操作人员参加，还有大量的检修人员参加，同时有多个专业施工单位进行检修作业，有时还有临时工人进厂作业。安全教育不仅包括对本单位参加检修人员的教育，也包括对其他单位参加检修人员的教育。对各类参加检修的人员都必须进行安全教育，并经考试合格后才能准许参加检修。安全教育的内容包括化工厂检修的安全制度和检修现场必须遵守的有关规定。

停工检修有以下两个相关规定。

第一，进入设备作业的有关规定：①动火的有关规定；②动土的有关规定；③科学文明检修的有关规定。

第二，检修现场的十大禁令：①不戴安全帽、不穿工作服者禁止进入现场；②穿凉鞋、高跟鞋者禁止进入现场；③上班前饮酒者禁止进入现场；④在作业中禁止打闹或其他有碍作业的行为；⑤检修现场禁止吸烟；⑥禁止用汽油或其他化工溶剂冲洗设备、机具和衣物；⑦禁止随意泼洒油品、化学危险品、电石废渣等；⑧禁止堵塞消防通道；⑨禁止挪用或损坏消防工具和设备；⑩禁止将现场器材挪作他用。

（四）安全检查

安全检查包括对检修项目的检查、检修机具的检查和检修现场的巡回检查。

第一，检修项目，特别是重要的检修项目，在制订检修方案时，需同时制定安全技术措施。没有安全技术措施的项目，不准检修。

第二，检修所用的机具，检查合格后由安全主管部门审查并发给合格证。检查合格证要贴在设备醒目处，以便安全检查人员现场检查。没有检查合格证的设备、机具不准进入检修现场和使用。

第三，在检修过程中，要组织安全检查人员到现场巡回检查，检查各检修现场是否认真执行安全检修的各项规定，发现问题及时纠正、解决。如有严重违章者，安全检查员有权令其停止作业。

第二节 设备检修和维护安全技术

在安全生产事故中，安全事故由两个方面引起：一方面是人的不安全行为，另一方面是物的不安全状态。其中，物的不安全状态即表明人操作的设备处于故障状态。设备检修维护工作就此展开，化工设备本身就具有危险性，加之检修过程中同样也需要使用到一些特殊设备，而且检修工作是属于生产过程中的额外作业，其危险性在某些情况下比生产活动要大得多。

一、设备检修和维护的危险因素

（一）化工机械的特点

化工生产中所用机器和设备的总称为化工机械，是化学工厂中必不可少的生产装备，化工机械有别于其他机械的显著特点。①

第一，涉及的能量形式多种多样，相互间转换过程也较复杂，最常见的能量形式有热能、机械能、化学能、电磁能等。

第二，工质性质多变，如其组成、组分及其相态的多变等。

第三，运行工况领域十分宽阔，操作参数特殊，如高低压、高低转速、高低温、高低黏度等。

第四，具有优良的适应不同化学物品性质的要求。

（二）设备维修时的危险因素

1. 动火作业危险性的主要表现

第一，系统安全措施不到位。如废料处理不干净、容器内存在死角、盲板插加不合理、相连物料管线未隔开、阀门内漏等，动火时易发生火灾爆炸事故。

第二，可燃、易爆介质吸附在设备、管道内壁表面的积垢或外表面的保温材料中，如处理不干净，动火时会释放出来，易发生火灾爆炸事故。

第三，化工生产动火点周围及下方存在易燃易爆物品，如未清除干净，易发生火灾爆炸事故。

① 廖传华，朱廷风，柴本银．设备检修与维护 [M]. 北京：中国石化出版社，2008.

第四，管理方面不按规定办理动火证、不执行动火证规定的安全措施时，易造成火灾爆炸事故。

2. 设备内作业危险性的主要表现

第一，有毒有害气体未经清洗置换、分析合格，可能造成中毒。

第二，容器中氧含量不符合要求，可能造成窒息。

第三，作业时间长，容器通风不好，有造成窒息的危险。

第四，容器内照明和电动工具使用的电源不是安全电压或电源线破损，工具设备漏电，都可能造成触电事故。

第五，未戴防毒器材进入有毒区、进入设备内作业时防毒器材缺陷、氧气气源不足、药剂失效等，可能造成中毒事故。

第六，进入高深容器（如造粒塔）作业，安全措施不完善，可能造成物体打击事故。

3. 高处作业危险性的主要表现

第一，脚手架搭设不规范、稳定性差，造成高处坠落事故。

第二，周围环境变化，有毒气体突然散发时，易造成中毒及高处坠落事故。

第三，安全措施不落实（未办登高作业证、未系安全带、未戴安全帽），易造成高处坠落事故和物体打击事故。

第四，检修时的围栏、楼板等移开后未采取相应的措施而发生坠落。

在检修过程中，人员还具有被灼伤、烧伤的危险性；在狭小场所碰撞摔倒、跌打损伤；被卷于运转的机器设备里，断伤肢体；施工用的起重机械、卷扬机、手动砂轮未经检查而发生事故等，也应引起高度重视。

二、压力容器的维修和维护

压力容器类似锅炉，是承受压力的密闭容器。有些压力容器盛装可燃介质，一旦发生泄漏，这些可燃气体会立即与空气混合并达到爆炸极限，若遇到火源即可导致二次爆炸和燃烧等连锁反应，可造成特大的火灾、爆炸和伤亡事故。

（一）检修周期

按照《压力容器安全技术监察规程》，要求安排压力容器的外部检查及内外部检验，根据检验结果，结合装置检修确定检修周期，一般为 3 ~ 6 年。

（二）检修内容

检修内容包括：①定期检验时确定返修的项目；②筒体、封头与对接焊缝；③接管与角焊缝；④内构件；⑤防腐层、保温层；⑥衬里层、堆焊层；⑦密封面、密封元件及紧固螺栓；⑧基础及地脚螺栓；⑨支承、支座及附属结构；⑩安全附件；⑪检修期间检查发现需要检修的其他项目。

（三）检修前准备

检修前准备包括：①备齐图纸和技术资料，必要时编写施工方案；②备齐机具、量具、材料和劳动保护用品；③施工现场符合有关安全规定。

（四）检查内容

第一，检查以宏观检查、壁厚测定、内表面检测为主，必要时可采用其他无损检测方法。

第二，根据腐蚀机理和使用状况检查压力容器本体、对接焊缝、接管角焊缝有无裂纹、变形、鼓包及泄漏等。对应力集中部位、气液相交界处、变形部位、异钢种焊接部位、补焊区、工卡具焊迹、电弧损伤处应重点检查。

第三，检查内外表面的腐蚀和机械损伤。

第四，检查结构及几何尺寸是否符合要求。

第五，检查壁厚是否减薄。厚度测定点的位置一般选择下列部位：①液位经常波动部位；②易腐蚀、冲蚀部位；③制造成型时，壁厚减薄部位和使用中易产生变形的部位；④表面缺陷检查时发现的可疑部位；⑤接管部位。

第六，检查焊缝有无埋藏缺陷。

第七，检查材质是否符合要求。

第八，检查法兰密封面有无裂纹。

第九，检查紧固螺栓的完好情况，对重复使用的螺栓应逐个清洗，检查其损伤情况，必要时进行表面无损检测。应重点检查螺纹及过渡部位有无环向裂纹。

第十，检查支承或支座的损坏，大型容器的基础下沉、倾斜及开裂情况。

第十一，检查保温层、隔热层、衬里有无破损，堆焊层有无剥离。

第十二，检查安全附件是否灵敏、可靠。

（五）各类压力容器重点检查部位及内容

1. 热交换设备

检查部位主要有管板、管箱、换热管、折流板、壳体、防冲板、小浮头螺栓、小浮头盖、接管及连接法兰等。重点检查以下部位：①易发生冲蚀、气蚀的管程热流体入口的管端，易发生缝隙腐蚀的壳程管板和易发生冲蚀的壳程入口和出口；②容易产生坑蚀、缝隙腐蚀和应力腐蚀的管板和换热管管段；③介质流向改变部位，如换热设备的入口处、防冲挡板、折流挡板处的壳体及套管换热器的U形弯头等；④检查壳体应力集中处是否有裂纹；⑤检查换热管壁厚；⑥检查接管及法兰密封面。

2. 塔器、容器

塔器、容器重点检查以下部位：①积有水分、湿气、腐蚀性气体或气液相交界处；②物流“死角”及冲刷部位；③焊缝及热影响区；④可能产生应力腐蚀以及氢损伤的部位；⑤封头过渡部位及应力集中部位；⑥可能发生腐蚀及变形的内件（塔盘、梁、分配板及集油箱等）；⑦破沫器、破沫网、分布器、涡流器和加热器等内件；⑧接管部位；⑨检查金属衬里有无腐蚀、裂纹、局部鼓包或凹陷。

3. 反应器

反应器重点检查以下部位：①检查反应器对接焊缝、接管角焊缝、支持圈凸台有无裂纹；②检查法兰密封槽有无裂纹；③检查冷壁反应器衬里有无脱落、孔洞、裂纹、麻点及疏松等；④检查热壁反应器堆焊层有无表面裂纹、层下裂纹及剥离；⑤检查重复使用的紧固螺栓有无裂纹；⑥检查支撑梁、分配器泡罩及热电偶套管有无裂纹；⑦检查其他内构件。

（六）修理与质量标准

第一，对于特殊的生产工艺过程，需要带温带压紧固螺栓或出现紧急泄漏需进行带压堵漏时，使用单位必须按设计规定制定有效的操作要求和防护措施，作业人员应经专业培训并持证操作，并经使用单位技术负责人批准。在实际操作时使用单位安全部门应派人进行现场监督。

第二，从事压力容器修理和技术改造的单位必须是已取得相应制造资格的单位或者是经省级安全监察机构审查批准的单位。压力容器的重大修理或改造方案应经原设计单位或具备相应资格的设计单位同意并报施工所在地的地、市级安全监察机构审查备案。修理或改造单位应向使用单位提供修理或改造后的图样、施工质量证明文件等技术资料。压力容器经修理或改造后，必须保证其结构和强度满足安全使用要求。

第三，采用焊接方法对压力容器进行修理或改造时，一般应采用挖补或更换，不应采用贴补方法。

第四，所用的材料及附件应具有质量证明书，并符合取样要求。

第五，施焊环境出现下列任一情况，且无有效防护措施时，禁止施焊。这些情况包括：①手工焊时风速大于 10 m/s，气体保护焊时风速大于 2 m/s，相对湿度大于 90%；②雨、雪环境。

（七）压力容器的维护与故障处理

第一，压力容器操作人员应经安全教育和考核合格，持证上岗。严格执行工艺操作规程和岗位操作规程，严禁超温、超压和超负荷运行。

第二，定期巡回检查。检查重点为：①压力容器本体、接口（阀门、管路）部位、焊接接头等的裂纹、过热、变形、泄漏及损伤等；②外表面的腐蚀情况；③保温层破损、脱落、潮湿等情况；④压力容器与相邻管道或构件的异常振动、响声，相互摩擦；⑤支承或支座的损坏，基础下沉、倾斜和开裂，紧固螺栓的完好情况；⑥排放（疏水、排污）装置；⑦运行的稳定情况，是否有超温、超压和超负荷运行的现象；⑧压力容器接地设施是否完好；⑨安全状态等级为 4 级的压力容器监控措施和异常情况。

第三，压力容器发生下列异常现象之一时，操作人员应立即采取紧急措施，并按规定向有关部门报告：①工作压力、介质温度或壁温以及介质组成中的某种腐蚀成分超过许用值，采取措施仍不能得到有效控制；②主要受压元件发生裂缝、鼓包、变形、泄漏等危及安全的缺陷；③安全附件失效；④接管、紧固件损坏，难以保证安全运行；⑤发生火灾，直接威胁到压力容器安全运行；⑥过量充装；⑦液位失去控制，采取措施仍不能得到有效控制；⑧压力容器与管道发生严重振动，危及安全运行；⑨其他异常情况。

第四，压力容器内部有压力，一般不得进行修理或紧固。对于特殊生产过程，开（停）车、升（降）温过程中，需要带压紧固螺栓时，应制定有效的安全操作规程和防护措施，并经单位技术负责人批准，安全部门监督实施。

第五，做好停用和备用容器的维护检查，防止器内剩余介质引起反应或腐蚀。对长期停用的压力容器，应清洗并排净介质，用氮气等气体封存，启用时应按要求进行检验。

三、加热炉的维修和维护

（一）检修前的准备

第一，备齐图样及有关技术资料，必要时编制施工方案。

第二，备好机具、量具和劳动保护用品。

第三，备齐所需的零配件及材料，并要有生产厂的出厂合格证。

第四，新更换炉管、弯管及炉内铸件必须进行外观检查，炉管、弯管须经过胀接试验。

第五，炉管、弯管等材料必须进行抽查，复验硬度和化学成分，并应进行强度试压检查。抽检比例及方法按 SH/T 3065《石油化工管式炉急弯弯管技术标准》、SH/T 3085《石油化工管式炉碳钢和铬钼钢炉管焊接技术条件》和 SH/T 3127–2001《石油化工管式炉铬钼钢焊接回弯头技术标准》的有关规定执行。试验压力按设计规范确定。

第六，检修前，必须隔断与炉内相连的工艺管线（加盲板），充分吹扫并保持炉内空气流畅，在化验合格，符合有关安全规定后方可进入炉内检查、检修。

（二）检修内容

1. 炉管及附件

第一，检查炉管、弯管有无弯曲变形、鼓包、氧化爆皮、裂纹、腐蚀、冲蚀等。高温重油介质（如温度在 450℃以上的渣油）的炉管要特别注意检查有无局部过热。

第二，应结合检修，安排炉管的厚度测定，并根据实际腐蚀情况，适当延长测厚周期。

第三，检查回弯头堵头、顶紧螺杆、元宝螺母及支耳有无裂纹；打开堵头检查胀口处有无结焦积炭、腐蚀、松动等异常情况。

第四，检查炉管管内结焦及管外积灰、结垢情况。

第五，检查管板、吊挂件和导向杆的变形、断裂及卡死等损坏情况。

第六，临氢炉管、易结焦介质炉管及连续运行 4 年以上的炉管，在常规检查发现异常时，应进行焊缝射线检查，必要时应做金相检验。

第七，检查炉管热电偶及套管的焊缝及其他缺陷。

2. 辐射室

第一，检查炉墙、衬里、膨胀缝填充料的外观状况及损坏情况。

第二，检查耐火砖架、保温钉和各种加固件的氧化、变形及损坏状况。

3. 对流室

第一，检查耐火砖或衬里的损坏情况。

第二，检查弯头箱内的保温情况，弯头箱门应无损坏变形，密封可靠。

4. 燃烧器

第一，检查燃烧器油枪的结焦和烧损状况，筒体有无变形，调风门是否卡死，稳焰器是否损坏。

第二，检查火盆砖及衬里的损坏情况。

第三，检查燃料油、燃料气、雾化蒸汽线及阀门是否有腐蚀、堵塞、泄漏或卡死情况。

5. 空气预热器

第一，检查空气预热器的换热管的腐蚀、损坏及积灰结垢情况。

第二，检查烟道、风道是否有腐蚀及破损，烟道、风道蝶阀是否有腐蚀和密封不严、开闭不灵活的情况。

第三，检查引风机、鼓风机的轴承是否完好，叶轮及机壳有无腐蚀，基础是否松动。

6. 烟道、烟囱

第一，检查耐火砖、衬里及外保温的损坏情况。

第二，检查烟囱是否有超温或严重腐蚀情况。

7. 吹灰器

蒸汽吹灰器。应进行以下检查：①检查传动部分的损坏、吹灰管的腐蚀情况；②检查程控部分是否工作正常；③检查吹灰蒸汽管线、阀门的腐蚀程度，特别是要检查蒸汽阀门有无泄漏，蒸汽系统有无完备的排凝设施。

声波吹灰器。主要检查以下各项：①检查声波发生器声波导管的腐蚀情况，声波发生器工作是否正常；②检查程控器和控制电缆是否完好，工作是否正常，有无受潮、锈蚀、接触不良、短路等异常情况；③检查配风配汽管线、阀门是否完好。

激波吹灰器。主要检查以下各项：①检查激波发生器和发射喷口的腐蚀、损坏情况；②检查控制部分是否完好正常，有无受潮、锈蚀、接触不良、短路等异常情况；③检查主发生器的燃气（如乙炔）和配风系统，重点检查分配器、点火系统、混合器、控制阀等设备、管线、阀门是否工作正常，特别是燃气系统阀门有无泄漏。

8. 其他检查

第一，检查烟道、风道挡板及手动或电动调节机构是否腐蚀、卡涩或动作不灵。

第二，检查炉体、烟囱钢结构和附属管线的保温、油漆及腐蚀、损坏情况。

第三，检查看火门、防爆门等的完好状况。

第四，检查灭火蒸汽线是否畅通，避雷针和接地线是否可靠。

第五，检查加热炉氧含量分析仪（包括探头）、热电偶、负压表（包括探头）等监测设施和计算机控制系统。

（三）维护

加热炉的运行管理应遵照《中国石化股份公司炼油生产装置管式加热炉运行管理规定》的要求执行。操作中应严格遵守操作规程及加热炉工艺指标，保证加热炉在设计允许的范围内运行，严禁超温、超压、超负荷运行，并尽量避免过低负荷运行（过低负荷一般指低于设计负荷的 60%）。在提高加热炉热效率的同时，应避免烟气露点腐蚀。要合理控制物料进料温度，确保炉管壁温度高于烟气露点温度。

为了节能降耗，加热炉运行应控制以下指标：①最终排烟温度一般应不大于 170℃，如燃料含硫量偏离设计值较大，则应进行标定和烟气露点测试，然后确定加热炉合理的烟气排放温度；②为了保证燃烧完全，应尽量降低排放烟气中的 CO 含量，一般应不大于 100 ppm；③对流室顶部烟气中的氧含量，燃气加热炉应控制在 2% ~ 4%，燃油加热炉应控制在 3% ~ 5%。

为了保护环境，减少设备腐蚀，应采取有效措施控制燃料中的硫化物含量，减少排放烟气中的 SO_2、SO_3 等硫化物含量。燃料气中总硫含量应不大于 100 ppm，燃料油中总硫含量应不大于 1%。

加强加热炉运行情况的检查和管理有如下工作。

1. 生产装置管理人员应做的工作

第一，每日至少对本装置管辖范围内加热炉的运行情况进行一次巡检。

第二，每周应做一次炉效分析工作，每月应编写本装置加热炉运行情况分析报告。

第三，应加强加热炉的日常维修，特别是对引风机、烟道挡板、吹灰器等附件的维修。发现问题要及时修理，排除故障，不得影响加热炉的正常运行。

2. 生产装置操作人员应做的巡回检查

第一，每 1 ~ 2 h 检查一次燃烧器及燃料油（气）、蒸汽系统。检查燃烧器有无结焦、堵塞、漏油现象，长明灯是否正常点燃；油枪、瓦斯枪应定期清洗、保养，发现损坏及时更换；备用的燃烧器应关闭风门、汽门；长时间停用的油枪、瓦斯枪应拆下清洗保存。

第二，每 1 ~ 2 h 检查一次加热炉进出料系统，包括流控、分支流控、压控及流量、压力、温度的一次指示是否正常，随时注意检查有无偏流。情况异常必须查明原因，并及时处理。

第三，每班检查灭火蒸汽系统。检查看火窗、看火孔、点火孔、防爆门、人孔门、弯头箱门是否严密，防止漏风。检查炉体钢架和炉体钢板是否完好严密，是否超温。

第四，每班检查辐射炉管有无局部过烧、开裂、鼓包、弯曲等异常现象，检查炉内壁衬里有无脱落，炉内构件有无异常，仪表监测系统是否正常。

第五，每班检查燃烧器调风系统、风门挡板、烟道挡板是否灵活好用，余热回收系统的引风机、鼓风机是否正常运行。发现问题应及时处理。

第六，有吹灰器的加热炉，每班至少吹灰一次，并检查吹灰器有无故障，是否灵活好用；使用蒸汽吹灰器的，应经常检查蒸汽系统有无泄漏，吹灰前须先排除蒸汽凝结水。

第七，每天应检查一次仪表完好情况。每季度至少应对所有氧含量分析仪标定一次，发现问题及时处理。

第八，应定期检查避雷针和接地线的完好状况。

第九，加热炉的控制保护、连锁应符合有关规定。

操作人员应精心操作，保持加热炉良好的运行状态。要加强三门一板（油门、汽门、风门和烟道挡板）的调节，保证炉膛明亮不混浊，避免燃烧器火焰过长、过大、冒烟，严禁舔管。要尽量保持多火嘴齐火焰，维持高效运行。在火焰区停用的火嘴应稍开蒸汽保护。

在加热炉的运行维护中，要特别注意防止以下意外事故、故障的发生。包括：①炉管破裂，炉膛着火；②熄火，爆燃；③炉衬烧损、塌落；④火焰偏斜、舔管和二次尾燃；⑤突然停电、停气、停风。发生事故时，要按照安全操作规程和事故预案的规定，在避免事态扩大的前提下，尽可能地保护设备，减少损失。

加热炉的开停工必须严格按照工艺操作规程执行。开停工前必须制订详细严谨的开停工方案，并经有关部门审核会签。停工时特别要注意防止硫化物在对流室内自燃，防止过多硫酸造成奥氏体不锈钢炉管应力腐蚀开裂。

四、设备检修的安全技术

（一）动火作业

加强火种管理是化工企业防火防爆的一个重要环节。在化工生产设备和管道中的介质大多是易燃易爆的物质，设备检修时又离不开切割、焊接等作业，而助燃物——空气中的氧又是检修人员作业场所不可缺少的。对检修动火来说，燃烧三要素可能随时具备，因此，检修动火具有很大危险性。多年来，由于一些企业的检修人员缺乏安全常识，或违反动火安全制度而发生的重大火灾、爆炸事故接连不断，重复发生，教训深刻。所以，检修动火已引起了化工企业的普遍重视，一般都制定了动火制度，严格动火的安全规定。

1. 一级和二级动火作业安全防火要求

第一，动火作业必须办理动火安全作业证。进入设备内、高处等进行动火作业，还须执行相关的规定。

第二，厂区管廊上的动火作业按一级动火作业管理；带压不置换动火作业按特殊危险动火作业管理。

第三，凡盛有或盛过化学危险物品的容器、设备、管道等生产、储存装置，必须在动火作业前进行清洗置换，经分析合格后，方可动火作业。

第四，甲、乙类区域的管道、容器、塔罐等生产设施上动火作业，必须将其与生产系统彻底隔离，并进行清洗置换，取样分析合格。

第五，高空进行动火作业，其下部地面如有可燃物、空洞、阴井、地沟、水封等，应检查分析，并采取措施，以防火花溅落引起火灾爆炸事故。

第六，拆除管线的动火作业，必须先查明其内部介质及其走向，并制定相应的安全防火措施。在地面进行动火作业，周围有可燃物，应采取防火措施。动火点附近如有窨井、地沟、水封等应进行检查分析，并根据现场的具体情况采取相应的安全防火措施。

第七，在生产、使用、储存氧气的设备上进行动火作业，其氧含量不得超过20%。

第八，五级风以上（含五级风）天气，禁止露天动火作业。因生产需要确须动火作业时，动火作业应升级管理。

第九，动火作业应有专人监火。动火作业前应清除动火现场及周围的易燃物品，或采取其他有效的安全防火措施，配备足够适用的消防器材。

第十，动火作业前，应检查电、气焊工具，保证安全可靠，不准带病使用。

第十一，使用气焊割动火作业时，氧气瓶与乙炔气瓶间距不小于 5 m，两者与动火作业地点均不小于 10 m，并不准在烈日下暴晒。

第十二，在铁路沿线（25 m 以内）的动火作业，遇装有化学危险物品的火车通过或停留时，必须立即停止作业。

第十三，凡在有可燃物或易燃物构件的凉水塔、脱气塔、水洗塔等内部进行动火作业时，必须采取防火隔离措施，以防火花溅落引起火灾。

第十四，动火作业完毕，应清理现场，确认无残留火种后，方可离开。

2. 特殊危险动火作业的安全防火要求

特殊危险动火作业在符合一、二级防火规定的同时，还必须符合以下规定。

第一，在生产不稳定，设备、管道等腐蚀严重的情况下，不准进行带压不置换动火作业。

第二，必须制定施工安全方案，落实安全防火措施。动火作业时，车间主管领导、动火作业与被动火作业单位的安全员、厂主管安全防火部门人员、主管厂长或总工程师必须到现场，必要时可请专职消防队到现场监护。

第三，动火作业前，生产单位要通知工厂生产调度部门及有关单位，使之在异常情况下能及时采取相应的应急措施。

第四，动火作业过程中，必须设专人负责监视生产系统内压力变化情况，使系统保持低于 100 mm H_2O 正压。严禁负压动火作业。

第五，动火作业现场的通风要良好，以保证泄漏的气体能顺畅排走。

3. 在禁火区动火的程序和要点

审证。禁火区内动火应办理“动火许可证”的申请、审核和批准手续，明确动火的地点、时间、范围、动火方案、安全措施、现场监护人。没有动火许可证或动火许可证手续不齐、动火许可证已过期的不准动火；动火许可证上要求采取的安全措施没有落实之前亦不准动火；动火地点或内容更改时应重办审证手续，否则亦不准动火。

联系。动火前应和有关的生产车间、工段联系，明确动火的设备、位置，由生产部门指定专人负责动火设备的置换、扫线、清洗或清扫工作，并做书面记录；由审证的消防安全管理部门通知邻近车间、工段或部门，提出动火期间关闭门窗，不要进行放料、进料操作，不要进行放空作业等要求，以防逸出可燃气体或泄漏可燃液体。

拆迁。凡能拆迁到固定动火区或其他安全地方进行动火的作业，不应在生产现场（禁火区）内进行，以尽量减少禁火区的动火工作量。

隔离。如动火检修的设备无法拆迁，则动火设备应与其他生产系统用加堵盲板等方法进行可靠隔离，防止运行中设备、管道内的物料泄漏到动火设备中来；将动火区与其他区域采取临时隔火墙等措施加以屏隔，防止火星飞溅而引起着火事故，特别要注意搞好附近电缆地沟的隔离措施。

移去可燃物。将动火地点周围 10 m 以内的一切可燃物，如溶剂、润滑油，未清洗的盛放过易燃液体的空桶、木筐等移到安全地点。

落实应急灭火措施。动火期间，动火地点附近的水源要保证充足，不可中断；在动火现场准备好适用且数量足够的灭火器具；对于火灾危险性大的重要地段的动火，应有消防车和消防队员到现场保护。

检查和监护。上述工作就绪后，根据动火制度的规定，厂、车间或消防安全部门负责人应到现场进行检查，对照动火方案中提出的安全措施检查是否已落实，并再次明确落实动火监护人和动火项目负责人，交代安全注意事项。

动火操作。动火操作及监护人员应由经安全考试合格的人员担任，压力容器的焊补工作应由经考试合格的锅炉压力容器焊工担任，无合格证者不得独自从事焊补工作。动火作业时要注意火星的飞溅方向，可采用不燃或难燃材料做成的挡板控制火星的飞溅，防止火星落入有火灾危险的区域。在动火作业中遇到生产装置紧急排空或设备、管道突然破裂，可燃物质外泄时，监护人应立即指令停止动火，待恢复正常，重新分析合格，并经原批准部门批准，才可重新动火。高处动火应遵守高处作业的安全规定，五级以上大风不准安排室外动火，已进行时，动火作业应停止。进行气焊作业时，氧气瓶和乙炔瓶不得有泄漏，放置地点应距明火地点 10 m 以上，氧气瓶和乙炔瓶的间距不应小于 5 m。在进行电焊作业时，电焊机应放于指定地点，火线和接地线应完整无损，禁止用铁棒等物代替接地线和固定接地点，电焊机的接地线应接在被焊设备上，接地点应靠近焊接处，不准采用远距离接地回路。

善后处理。动火结束后应清理现场，熄灭余火，不遗漏任何火种，切断动火作业所用的电源。

4. 动火作业的六大禁令

原化学工业部颁布安全生产禁令中关于动火作业的六大禁令：①动火证未经批准，禁止动火；②不与生产系统可靠隔绝，禁止动火；③不清洗或置换不合格，禁止动火；④不清除周围易燃物，禁止动火；⑤不按时做动火分析，禁止动火；⑥没有消防措施，禁止动火。

5. 油罐带油动火

由于各种原因，罐内油品无法抽空只得带油动火时，除上述检修动火应做到的安全要求外，还应注意以下几点：①在油面以上不准带油动火；②补焊前应先进行壁厚测定，补焊处的壁厚应满足焊时不被烧穿的要求（一般应大于或等于 3 mm），根据测得的壁厚确定合适的焊接电流值，防止因电流过大而烧穿补焊处造成冒油着火，电焊机的接地线尽可能靠近被焊钢板；③动火前用铅或石棉绳等将裂缝塞严，外面用钢板补焊。

罐内带油，油面下动火补焊作业危险性很大，只是万不得已的情况下才采用，动火前一定要有周密的方案、可靠的安全措施。

油管带油动火，同油罐带油动火处理的原则是相同的，只是在油管破裂、生产系统无法停下来的情况下，抢修堵漏才用。油管带油动火应做好以下几项工作：①测定焊补处管壁厚度，决定焊接电流及焊接方案，防止烧穿；②清理周围环境，移去一切可燃物；③准备好消防器材，做好扑救准备，并利用难燃或不燃挡板严格控制火星飞溅方向；④邻近油罐、油管等做好防范措施；⑤降低管内油压，但须保持管内油品的不停流动；⑥用铅或石棉绳等堵塞漏处，然后打卡子；⑦对泄漏处周围的空气要进行分析，合乎动火安全要求才可动火；⑧挑选经验丰富、技术高的焊工承担焊接，施焊要稳、准、快，焊接顺序应当是先下后上，焊点对称，焊接过程中监护人、扑救人员等都不得离开现场；⑨若是高压油管，要降压后再打卡子焊补；⑩动火前与生产部门联系，在动火期间不得泄放易燃物质。

6. 带压不置换动火

带压不置换动火是指可燃气体设备、管道在一定的条件下未经置换直接动火焊补。只要严格控制焊补设备内介质中的含氧量，不能形成达到爆炸范围的混合气，在正压条件下外泄可燃气只烧不炸，即点燃外泄可燃气体，并保持稳定的燃烧，控制可燃气体的燃烧过程不致发生爆炸。在实践中，一些企业通过带压安全焊补大型煤气柜，取得了一定的经验。但是，带压不置换动火的危险性极大，一般情况下不主张采用。必须采用带压不置换动火时，应注意以下环节和问题。

正压操作。焊补前和整个动火作业过程中，焊补设备或管道必须保持稳定的正压，这是确保带压不置换动火安全的关键。一旦出现负压，空气进入焊补设备、管道，就将发生爆炸。压力的大小以喷火不太猛和不易发生回火为原则。压力太高，可燃气流速大，火焰大而猛，焊条熔滴易被气流吹走，作业人员难以靠近，施焊困难，而且穿孔部位的钢板在火焰高温作用下易变形和裂口扩张，从而喷出更大的火焰，酿成事故；压力太小，气体流速也小，压力稍波动即可能出现负压而发生爆炸事故，因此，选择压力时要留有较大的安全裕度，一般为 $1.999\times10^4\sim78.46\times10^4$ Pa。在这个范围内，根据设备损坏的程度、介质性质、压力可能降低的程度等来选定压力。带压不置换动火一般宜控制在 $1.999\times10^4\sim7.236\times10^4$ Pa 之间。穿孔裂缝越小，压力选择的范围就越大，可选用的压力可高一点；反之，应选择较低的压力。但是，任何情况下，绝对不允许出现负压。作业过程中必须指定专人监视系统压力。

含氧量确定。带压不置换动火必须保证系统内的含氧量低于安全标准。不同的可燃气体或同一种可燃气体在不同的溶剂、不同的压力或温度下，有不同的爆炸极限。根据生产实践经验，一般规定可燃气体中含氧量不得超过 1%，作为安全标准（环氧乙烷例外）。焊补前和整个动火作业中，都必须始终保证系统内氧含量 $\leq1\%$。这就要求生产负荷平衡，前后工段加强统一调度，关键岗位指派专人把关，并指定专人负责系统内介质成分的分析，掌握含氧量的情况。若发现含氧量增高，要增加分析次数，并尽快查明原因，及时排除使含氧量增加的一切因素；

若含氧量达到或超过 1% 时，应立即停止焊补工作。

焊前准备。首先测定壁厚，裂缝处和其他部位的最小壁厚应大于强度计算所确定的最小壁厚，并能保证焊时不烧穿，不满足上述条件，不准焊补；壁厚满足上述要求，根据裂缝的位置、形状、裂口大小、焊补范围、壁厚大小、母材材质等制订焊补方案；组织得力的抢修班子，挑选合适的焊工；现场要事先准备一台或数台轴流风机，几套长管式面具（若介质是煤气一类有毒气体）和灭火器材；若是高处作业，应搭好不燃的脚手架或作业平台，并能满足作业人员短时间内迅速撤离危险区域的要求；准备好焊补覆盖的钢板及辅助工具等。

动火焊补。动火前应分析泄漏处周围空气中可燃气体的浓度，若是有毒气体还应分析有毒物质的含量，防止动火时发生空间爆炸和中毒；焊补人员和辅助人员进入作业地点前穿戴好防护用品和器具，由辅助人员把覆盖的钢板依预先画好的范围复合上去，用工具紧紧抵住，焊工引燃外泄可燃气体，开始焊补。凡压力、含氧量超过规定范围的都应停止焊补作业，人员离开现场。焊补过程中可用轴流风扇吹风以控制火焰喷燃方向，为焊工和辅助工创造较好的工作条件。除防爆、防中毒、防高处坠落外，作业人员应选择合适的位置，防止火焰外喷烧伤。在整个作业过程中，监护人、扑救人员、医务人员及现场指挥都不得离开，直至焊补工作结束。

（二）动土作业

化工企业内外的地下有动力、通信和仪表等不同用途、不同规格的电缆，有上水、下水、循环水、冷却水、软水（较少可溶性钙、镁化合物的水）、除盐水（含很少或不含矿物质）和消防用水等口径不一、材料各异的生产、生活用水管，还有煤气管、蒸汽管、各种化学物料管。电缆、管道纵横交错，编织成网。以往由于动土没有一套完善的安全管理制度，不明地下设施情况而进行动土作业，结果挖断了电缆、击穿了管道、土石塌方、人员坠落，造成人员伤亡或全厂停电等重大事故。因此，动土作业应该是化工检修安全技术管理的一个重要内容。

1. 审证

根据企业地下设施的具体情况，划定各区域动土作业级别，按分级审批的规定办理审批手续。申请动土作业时，需写明作业的时间、地点、内容、范围、施工方法、挖土堆放场所和参加作业人员、安全负责人及安全措施。一般由基建、设备动力、仪表和工厂资料室的有关人员根据地下设施布置总图对照申请书中的作业情况仔细核对，逐一提出意见，然后按动土作业规定交有关部门或厂领导批准，根据基建等部门的意见，提出补充安全要求。办妥上述手续的动土作业许可证方才有效。

2. 安全注意事项

动土作业时要防止损坏地下设施和地面建筑，施工时必须小心，防止坍塌。挖掘时应自上而下进行，禁止采用挖空底角的方法挖掘；同时，应根据挖掘深度装设支撑；在铁塔、电杆、地下埋设物及铁道附近挖土时，必须在周围加固后，方可进行施工。防止机器工具伤害，夜间作业必须有足够的照明，防止坠落。挖掘的沟、坑、池等应在周围设置围栏和警告标志，夜间设红灯警示。

此外，在可能出现煤气等有毒有害气体的地点工作时，应预先告知工作人员，并做好防毒准备。在挖土作业时如突然发现煤气等有毒气体或可疑现象，应立即停止工作，撤离全部工作人员并报告有关部门处理，在有毒有害气体未彻底清除前不准恢复工作。在禁火区内进行动土作业还应遵守禁火的有关安全规定。动土作业完成后，现场的沟、坑应及时填平。

（三）高处作业

凡在坠落高度基准面 2 m 以上（含 2 m）有可能坠落的高处进行作业，均称为高处作业。作业高度在 2 ~ 5 m 时，称为一级高处作业；作业高度在 5 ~ 15 m 时，称为二级高处作业；作业高度在 15 ~ 30 m 时，称为三级高处作业；作业高度在 30 m 以上时，称为特级高处作业。

石油化工装置多数为多层布局，高处作业的情况比较多，如设备、管线拆装，阀门检修更换，防腐刷漆保温，仪表调校，电缆架空敷设等。高处作业，事故发生率高，伤亡率也高。发生高处坠落事故的原因主要是：洞、坑无盖板或检修中移去盖板；平台、扶梯的栏杆不符合安全要求，临时拆除栏杆后没有防护措施，不设警告标志；高处作业不挂安全带、不戴安全帽、不挂安全网；梯子使用不当或梯子不符合安全要求；不采取任何安全措施，在石棉瓦之类不坚固的结构上作业；脚手架有缺陷；高处作业用力不当、重心失稳；器具失灵，配合不好，危险物料伤害坠落；作业处附近对电网设防不妥，触电坠落等。一名体重为 60 kg 的工人，从 5 m 高处滑下坠落地面，经计算可产生相当于 300 kg 的冲击力，会致人死亡。

高处作业的一般安全要求如下。

1. 作业人员

患有精神病等职业禁忌证的人员不准参加高处作业。检修人员饮酒、精神不振时禁止登高作业。作业人员必须持有作业票。

2. 作业条件

高处作业必须戴安全帽、系安全带。作业高度 2 m 以上应设置安全网，并根据位置的升高随时调整。高度超过 15 m 时，应在作业位置垂直下方 4 m 处，架设一层安全网，且安全网数不得少于 3 层。

3. 现场管理

高处作业现场应设有围栏或其他明显的安全界标，除有关人员外，不准其他人在作业点的下面通行或逗留。

4. 防止工具材料坠落

高处作业应一律使用工具袋。较粗、重工具用绳拴牢在坚固的构件上，不准随便乱放；在格栅式平台上工作，为防止物件坠落，应铺设木板；递送工具、材料不准上下投掷，应用绳系牢后上下吊送；上下层同时进行作业时，中间必须搭设严密牢固的防护隔板、罩棚或其他隔离设施；工作过程中除指定的、已采取防护围栏处或落料管槽可以倾倒废料外，任何作业人员严禁向下抛掷物料。

5. 防止触电和中毒

脚手架搭设时应避开高压电线，无法避开时，作业人员在脚手架上活动范围及其所携带的工具、材料等与带电导线的最短距离要大于安全距离（电压等级≤ 110 kV，安全距离为 2 m；220 kV，3 m；330 kV，4 m）。高处作业地点靠近放空管时，事先与生产车间联系，保证高处作业期间生产装置不向外排放有毒有害物质，并事先向高处作业的全体人员交代明白，万一有有毒有害物质排放时，应迅速采取撤离现场等安全措施。

6. 气象条件

六级以上大风、暴雨、打雷、大雾等恶劣天气，应停止露天高处作业。

7. 注意结构的牢固性和可靠性

在槽顶、罐顶、屋顶等设备或建筑物、构筑物上作业时，临空一面应装安全网或栏杆等防护措施，事先应检查其牢固可靠程度，防止失稳或破裂等可能出现的危险；严禁直接站在油毛毡、石棉瓦等易碎裂材料的结构上作业，为防止误登，应在这类结构的醒目处挂上警告牌；登高作业人员不准穿塑料底等易滑的或硬质厚底的鞋子。冬季严寒作业应采取防冻防滑措施或轮流进行作业。

（四）限定空间作业

进入化工生产区域内的各类塔、釜、槽、罐、炉膛、锅筒、管道、容器以及地下室、阴井、地坑、下水道或其他封闭场所内进行的作业均为进入设备作业，也称限定空间作业。

1. 设备内作业安全要求

安全隔离。设备上所有与外界连通的管道、孔洞均应与外界有效隔绝。设备上与外界连接的电源应有效切断。管道安全隔绝可采用插入盲板或拆除一段管道进行隔绝，不能用水封或阀门等代替盲板或拆除管道。电源有效切断可采用取下电源保险熔丝或将电源开关拉下后上锁等措施，并加挂警示牌。

空气置换。用惰性气体置换过的设备，在进入之前必须用空气置换出惰性气体，并对设备内空气中的氧含量进行测定。设备内动火作业除了其中空气中的可燃物含量符合动火规定外，氧含量应在 18% ~ 21% 的范围。若设备内介质有毒的话，还应测定设备内空气中有毒物质的浓度。有毒气体和可燃气体浓度应符合《化工企业安全管理制度》的规定。

通风。要采取措施，保持设备内空气良好流通。打开所有人孔、手孔、料孔等进行自然通风。必要时，可采取机械通风。采用管道空气送风时，通风前必须对管道内介质和风源进行分析确认。不准向设备内充氧气或富氧空气。

定时监测。作业前 30 min 内，必须对设备内气体进行采样分析，分析合格后办理《设备内安全作业证》，方可进入设备。采样点要有代表性。作业中要加强定时监测，情况异常立即停止作业，并撤离人员。作业现场经处理后，取样分析合格方可继续作业。涂刷具有挥发性溶剂的涂料时，应做连续分析，并采取可靠的通风措施。

用电安全。设备内作业照明，使用的电动工具必须使用安全电压，在干燥的设备内电压应≤ 36V，在潮湿环境或密闭性好的金属容器内电压应≤ 12V；若有可燃物质存在时，还应符合防爆要求。悬吊行灯时不能使导线承受张力，必须用附属的吊具来悬吊；行灯的防护装置和电动工具的机架等金属部分应该预先可靠接地；设备内焊接应准备橡胶板，穿戴其他电气防护用具，焊机托架应采用绝缘的托架，最好在电焊机上装上防止电击的装置后使用。

设备外监护。设备内作业一般应指派两人以上进行设备外监护。监护人应了解介质的理化性能、毒性、中毒症状和火灾、爆炸性；监护人应位于能经常看见设备内全部操作人员的位置，眼光不得离开操作人员；监护人除向设备内作业人员递送工具、材料外，不得从事其他工作，更不准擅离岗位；发现设备内有异常时，应立即召集急救人员，设法将设备内受害人员救出，监护人员应从事设备外的急救工作；如果没有代理监护人，即使在非常时候，监护人也不得自己进入设备内；凡进入设备内抢救的人员，必须根据现场的情况穿戴防毒面具或氧气呼吸器、安全带等防护器具，绝不允许不采取任何个人防护而冒险进入设备救人。

个人防护。设备内作业应使设备内及其周围环境符合安全卫生的要求。在不得已的情况下戴防毒面具进入设备作业，这时防毒面具务必事先做严格检查，确保完好，并规定在设备内的停留时间，严密监护，轮换作业；在设备内空气中氧含量和有毒有害物质均符合安全规定时进行作业,还应该正确使用劳动保护用品。设备内作业人员必须穿戴好工作帽、工作服、工作鞋；衣袖、裤子不得卷起，作业人员的皮肤不要露在外面；不得穿戴黏附着油脂的工作服；有可能落下工具、材料及其他物体或漏滴液体等的场合，要戴安全帽；有可能接触酸、碱、苯酚之类腐蚀性液体的场合，应戴防护眼镜、面罩、毛巾等保护整个面部和颈部；设备内作业一般穿中筒或高筒橡皮靴，为了防止脚部伤害也可以穿牛皮靴等工作鞋。

急救措施。根据设备的容积和形状、作业危险性大小和介质性质，提前做好相应的急救准备工作。对直径较小、通道狭窄，一旦发生事故进入设备内抢救困难的作业，进入设备前作业人员就应系好安全带。操作人员在设备内作业时，监护人应握住安全带的一端，随时准备把操作人员拉上来；设备外至少准备好一组急救防护用具，以便在缺氧或有毒的环境中使用；设备内从事清扫作业，有可能接触酸、碱等物质时，设备外预先准备好大量的清水，以供急救时使用。

升降机具。设备内作业用升降机具必须安全可靠；使用的吊车或卷扬机应严格检查，安全装置齐全、完好，并指定有经验的人员负责操作；在设备内使用梯子时，最好将其上端固定在设备壁上，下端应有防滑措施，根据情况也可采用吊梯。

2. 进入容器、设备的八个“必须”

原化学工业部颁布的安全生产禁令中有关进入容器、设备的八个“必须”是：①必须申请、办证，并得到批准；②必须进行安全隔绝；③必须切断动力电，并使用安全灯具；④必须进行置换、通风；⑤必须按时间要求进行安全分析；⑥必须佩戴规定的防护用具；⑦必须有人在容器外监护，并坚守岗位；⑧必须有抢救后备措施。

第三节　管道检修和维护安全技术

管道是化工生产的大动脉。近年来，随着管道事业突飞猛进的发展，管道安全也越来越受到关注。

一、管道检修和维护的特点

第一，管道的布置有室内、室外、高空、地下、水下等不同条件，工作流动性大，作业面广，平面立面交叉作业。[①]

第二，检修施工分散，往往是多种工种、多种作业方式的联合作业，配合施工。

第三，无固定作业场所，对于已生产企业的改扩建工程和维修工程，还涉及与原有高温、高压、深冷、易燃、易爆等管道的交叉和连接，作业环境条件不好，施工条件复杂。

第四，对于城市公用设施的管道工程建设，涉及各种管线的互相碰撞、交通运输的阻塞，对现有给排水、供热、供煤气正常运行的干扰。

第五，受施工季节和气候条件的影响较大，特别是对露天作业施工的影响尤其大。

在组织施工过程中，要充分考虑上述特点，实行科学有序的施工，防止在管道施工维修工作中发生事故。

① 潘传九．化工设备机械基础 [M]. 北京：化学工业出版社，2002.

二、管道检修和维护的基本原则及安全防范措施

（一）热力管网的检修和维护

热力管网中的管道经过长期运行之后，管道内部会出现磨损、结垢、腐蚀，管道外表面的保护层脱落后会受到空气中氧的侵害；管道对口焊接的焊缝会出现裂纹或裂缝；螺纹连接的填料会出现老化或变形以致破坏连接的严密性；法兰连接会出现拉紧螺栓折断和螺栓、螺母腐蚀或丢失；法兰连接中的垫片会出现陈旧变质或被热媒冲刷破坏而造成漏水漏汽等损坏；由于管内水击或冻结，某些管段开裂破坏。

1. 磨损或腐蚀

因磨损或腐蚀而使管壁已经减薄或穿孔的管段、管壁某一部位已经开裂的管段、截面已经被水垢封死的管段，检修中都应当切除掉，换上新管。新管换好后，应当进行防腐刷油处理，重新做保温层。当管道外壁的腐蚀不严重时，检修中应当清理干净管外壁的腐蚀物，并重新刷油防腐。

2. 结垢

因结垢而使管内流通截面缩小但尚未堵死的管道，可以尝试用酸洗除垢的办法处理。酸洗时最好用泵使酸溶液在管内循环，以便缩短酸洗时间，取得更好的除垢效果。酸洗后用碱溶液进行中和处理，然后用清水对管道进行彻底冲洗。酸洗用的酸浓度必须严格控制，而且一定要加入缓蚀剂。

3. 管道连接

管道螺纹连接中已老化变形的填料，法兰连接中已陈旧变质或被热媒冲刷坏的垫片，检修中均应另换新的填料和垫片。石棉橡胶垫片用剪刀剪成带柄的，以便安装时调整垫片位置。垫片安装前应先用热水浸透，把它安装到法兰上时，应两面抹上石墨粉和机油的混合物，或抹上干的银色石墨粉。如果只抹铅油，垫片会粘在法兰密封面上很难除掉。法兰连接处的螺栓、螺母，损坏的一定要更新，丢失的应配齐。工作温度超过 100℃的管道上的法兰，其连接用的螺栓于安装前最好在螺纹上涂一层石墨粉和机油的混合物，以方便拆卸。

4. 裂纹

管道出现裂纹时，可以在裂纹两端钻止裂孔，切除该段焊缝直至露出管子金属，然后重新进行补焊操作。如果焊缝缺陷超过维修范围，应将焊口完全切除，

然后另加短管连接重焊。

（二）高压管道的检修和维护

1. 检修和维护的基本原则

高压管道在维护修理工作中应遵照原化学工业部颁发的《化工高压工艺管道维护检修规程》进行，并了解以下情况。

第一，管道损坏的情况、损坏的原因以及需要维修的部位。

第二，根据管道输送介质的参数及管道的质量要求，决定检修的质量要求。

第三，根据泄漏点的部位，进行全系统停运或是系统局部停运，局部停运进行检修时应根据检修工程的内容和工程量的大小采取相应的安全措施。

第四，在检修前首先要确定检修部位的泄压点和介质的排放点，必要时为检验排放系统的可靠性和各种仪表的准确性，可进行试泄压排放。

第五，检修所用材料应有符合技术文件的质量证明文件及合格证书，要求复检的一定要复检。

2. 高压管道检修工作中的注意事项

第一，由于高压介质排放时压差大，进行排放时一定要缓慢开启阀门，以免开启过大而产生过大的噪声和振动，必要时可通过减压器进行排放。

第二，在排放时，不论介质是否回收、排放时间长短，必须有人监护，以便发生异常时及时采取措施。

第三，为了避免管子在介质反作用力作用下甩动伤人，介质排放口的管子一定要进行加固。

第四，管道检修任务完成后，必须严格进行各种试验，检测的方法要明确，各种检验、检测仪表要有专人负责落实，并应满足所需的参数和精度要求，绝不允许因工作量小，认为不可能有问题而不进行检测和试验。

高压管道的管径一般均较小，刚度较低，应适当加固管道支架，除此以外，还应在可能受到外力碰撞的部位，或经常有人活动的部位，以型钢加以保护，以保证安全。

（三）煤气管道设备检修安全技术

1. 有煤气危险的工作范围

凡具有下述情况之一者，均属有煤气危险的工作。

第一，在空气中一氧化碳含量超过 0.03 mg/L 的场所进行工作。

第二，带煤气检修管道和设备的工作。

第三，进入可能存在或渗入煤气的备用设备、备用管道、煤气管道检查井或地沟中工作。

第四，在有煤气的管道（设备）上或有可能蹿入煤气的其他管道（设备）上动火。

第五，煤气发生炉储煤仓上的厂房属甲类防爆厂房，加压站（排送机间）属乙类防爆厂房。

另外，在室外进行有大量煤气泄漏的工作时，应事先划定危险区域，严禁明火。为了保证生产，管道工经常要参加这些有煤气危险的工作。但只要认真学习和掌握煤气安全技术，严格执行安全制度和规定，安全是会有保障的。

2. 煤气管道设备动火应达到的安全要求

第一，动火前的准备工作。动火前到动火现场查看，准备好符合要求的脚手架；清除区内的易燃物品，如无法清除时，应采取防燃措施；如动火处已泄漏煤气，应事先加以消除；在动火点附近设备上安装压力表，以测量管道设备内的压力；准备好必要的灭火工具，如黄泥、沙子、石棉板、泡沫灭火器、蒸汽管及消防水管等；煤气管路设备动火只准用电焊，焊机的零线应靠近修补处。

第二，在运行的煤气管道设备上不带煤气动火时的要求为煤气压力不低于 200 Pa，绝对禁止在负压情况下动火；要采取防止管壁或设备外壳被烧穿的措施；煤气中氧的体积分数不得大于 0.8%。

第三，在备用的煤气设备或管道上（或内）动火时的要求。必须先将动火部分隔断并吹洗合格；将动火处 1.5 ~ 2 m 内的焦油、沉积物铲净；在设备内动火时应保持良好的自然通风，以保证工作人员呼吸新鲜空气；在设备管道外动火时，则应将放散管关闭，以免抽力太大引起着火，必要时应向管道设备内通入少量蒸汽。

（四）压缩空气管道的检修

压缩空气管道一般在常温下运行，热应力对管道影响小。在通常情况下，低压压缩空气管道系统因水击而造成管道损坏的情况少，但当压缩空气含水分多时，对许多生产工艺过程、气动机械和设备的使用会产生不良影响，因此，适时地排除凝结水是压缩空气管道日常维护的重要工作。

压缩空气管道的泄水点一般布置在压缩机站的储气罐、沿途管道的最低点，车间入口装置、管道的末端。对一些洁净度有要求的用气点，除安装油水分离器外还需要安装空气过滤器，过滤器的滤料可由毛毡、棉花、焦炭、木屑等构成。洁净度要求高的可采用由麂皮、毛毡做滤层的麂皮过滤器。对于要求干燥空气的用气点，可安装硅胶干燥器。硅胶为白色多孔的固体颗粒，每克硅胶的内表面积可达 800 ~ 900 m^2，具有很强的吸附性能，吸湿后由白色变为粉红色，粉红色较深时，说明硅胶已经达到饱和，应更换或再生。硅胶的再生方法可用电炉或热空气烘干。烘干后硅胶的密度增大，颗粒变小，在进行装罐时加以补充。除用硅胶作为干燥剂外，还可以用铝胶、分子筛、活性炭等做干燥剂。

压缩空气的设备属于压力容器，应根据其容器的类别定期进行探伤、试压检验。安全阀、压力表等附件也应定期进行校验。压缩空气管道也应根据压力高低分别进行定期探伤和压力检验。

（五）氧气管道的检修

氧气管道检修前必须将检修的管段与管网断开，并用空气、氮气或蒸汽进行彻底置换，把氧气全部赶走，不留死角。检修任务完成后，应按照有关规定进行强度和严密性试验。试验合格后，在正式送氧气之前应先用氧气或不含油的压缩空气或氮气对管道进行吹洗。用不含油的压缩空气或氮气吹洗的气流速度应不小于 20 m/s，连续吹洗 8 h，所有管道都应吹洗到，不应留死角。在气流出口处放一张干净的白纸，经白纸检验没有灰尘微粒和水分痕迹为合格；否则继续吹洗，直至合格。吹洗合格后，需用氧气吹洗，吹洗用的氧气量应不少于被吹洗管道总体积的 3 倍。置换管道的氧气应排至室外，排出口离地面不少于 2.5 m，并应远离火源。

输送含湿氧气的管道冻结时，严禁使用明火融冻，只能用热水或蒸汽融冻。

第四节　电气检修和维护安全技术

电气检修常常会引发触电事故和引燃附近可燃物导致火灾爆炸事故，这类电气事故比电气设备在运行中的事故要少得多，不是因为危险性比运行中小，而是检修工作并不是日常工作，检修人员在检修时由于重视并执行了相关规程，因此，事故发生得比较少。

一、电气检修和维护的危险因素

（一）直接危害

在电气检修过程中，对人员的直接危险因素是触电危险。触电伤害有两种，即电击和电伤，它与以下因素有关。①

1. 电流大小

电流是触电伤害的直接因素，电流越大伤害就越严重。

2. 电压高低

电压越高越危险。

3. 人体电阻

人体电阻主要取决于皮肤的皮质层，皮肤干燥时，人体电阻在 10 ~ 100 kΩ 之间。如果皮肤有水分，人体电阻会明显下降。

4. 电流通过人体的途径

电流通过呼吸器官和神经中枢危险较大，通过心脏危险最大。

5. 触电时间长短

触电时间越长越危险。

6. 人的健康和精神状况

对有心脏、神经、肺病史的触电者，危害较大。

（二）间接伤害

检修主要针对出现故障的设备，其过程中容易产生电火花，容易引燃附近可燃物，致使发生火灾爆炸。

二、电气检修和维护原则

（一）发电机检修

1. 发电机本体大修标准项目

发电机本体大修标准项目有：①发电机解体；②发电机定子检修；③发电机

① 张剑峰，张爱滨 . 化工设备安装与维修 [M]. 北京：北京理工大学出版社，2012.

转子检修；④发电机冷却系统检修；⑤发电机励磁机及励磁系统检修；⑥发电机回装；⑦发电机试验。

2. 发电机小修标准项目

发电机小修标准项目有：对于氢冷发电机要由氢气状态置换为空气状态；打开端盖，检查定子端部绕组漏水、油污情况，并清扫端部；检查定子端部绕组绝缘表面有无裂纹、绑扎松动、磨损情况；检查定子绝缘支架、连接片等部件有无位移、松动；检查定子铁芯端面连接片、压圈、定位筋有无异常现象，铁芯紧固大螺母是否松动，铁芯端面有无锈蚀；进行定转子绕组冷却系统水压试验（水冷发电机）；检查转子端部护环、风扇等附件有无过热、损伤等异常现象；回装端盖，做定子严密性试验（氢冷发电机）；检查并清扫滑环、刷架、引线，更换不合格炭刷；励磁回路清扫、检查；按期进行预防性试验。

3. 检修过程中的安全注意事项

第一，必须穿专用工作服。

第二，不得带入与检修无关的东西，如钥匙、指甲刀等金属物件。

第三，进入发电机膛内必须带入的工具要登记造册，工作结束后要清点核对，发现遗失，必须查明原因并设法找回。

第四，必须穿绝缘鞋或布鞋，不允许穿硬底鞋及带钉子的鞋。

第五，严禁吸烟，如明火作业应严格执行明火作业规程。

第六，发电机膛内照明必须使用安全行灯。

（二）电动机检修

1. 电动机大修的标准项目

电动机大修的标准项目为：①电动机抽出转子；②定子检修；③转子检修；④轴承检修；⑤通风冷却系统检修；⑥滑环及电刷装置的检修；⑦接线盒检查、清扫；⑧电动机的组装；⑨启动装置的检修；⑩试运转及验收。

2. 电动机小修的标准项目

电动机小修的标准项目为：①检查电动机绝缘；②检查和清扫电动机的启动装置；③接线盒检查、清扫；④检查轴承及润滑油是否完好；⑤检查、清理转子、滑环及电刷装置；⑥测量轴瓦支承的电动机的空气间隙；⑦打开人孔、窥视孔检查电动机内部；⑧预防性试验（到周期时）；⑨试运转及验收。

（三）其他高压带电设备检修

1. 高压隔离开关检修内容

本体检修。内容包括：①清扫尘垢，特别是清洁接触处和棒式支柱绝缘子表面，修整接触表面并涂上导电膏或工业凡士林；②检查各处连接螺栓是否松动；③检查主闸刀和接地闸刀的机械连锁是否正确可靠；④所有转动摩擦部位加润滑油。

操动机构检修。内容包括：①检查各处连接螺栓是否松动，转动部分是否灵活；②检查电气控制回路和辅助开关、行程开关是否正常，机构箱密封是否完好；③在转动部位加润滑油，在齿轮、涡轮、蜗杆传动接触部位涂以润滑脂。

2. 电力互感器的检修

第一，检查与清洗外壳，处理渗油部位与除锈刷漆。

第二，放出油箱内的油，放油的同时检查油位计、阀门是否正常。放油后清洗掉油箱内的油泥与杂物。

第三，检查铁芯的夹紧程度以及是否过热退火，如果过热退火将不能继续使用，检查夹紧螺丝的绝缘。

第四，检查并清洗绕组绝缘，检查与紧固全部接头及固定其绝缘的支持物。

第五，检查套管有无损坏及其密封情况；注油式套管应清洗内部、换油；纯瓷套管应检查其屏蔽漆是否完好，必要时重新涂刷。

第六，对受潮的互感器要进行干燥处理。干燥后应注入合格的油或对干式的互感器涂刷绝缘漆。

第七，互感器测试。包括：①定绕组的绝缘电阻；②测定介质损耗；③绕组连同套管对外壳的耐压试验；④测量电压互感器一次绕组的直流电阻。

三、电气设备检修的安全措施

（一）容易发生触电事故的情况

第一，电气设备在安装时就不符合安全规程的要求，带电部位与地之间的安全距离不够。

第二，人体触及因绝缘损坏而带电的设备外壳及金属构架。

第三，工作时未遵守安全规程、直接接触或过分靠近带电部分、误碰带电设备、不懂电气知识、胡乱拉电线、安装电气设备等而造成触电事故。

（二）电气检修事故防范措施

1. 使用兆欧表应注意的事项

第一，使用兆欧表时，应由两人同时进行操作。

第二,兆欧表所带摇测绝缘用的导线应使用绝缘线，其端部应有绝缘套。

第三，摇测前，务必检查好所测设备确已停电。

第四，在带电设备附近测量绝缘电阻时，工作人员和兆欧表的位置必须适当、合理，保持好安全距离，以免兆欧表引线或引线支持物触碰带电部分。移动引线必须注意监护，防止人员触电。

第五，探测前，应先将被测设备对地放电。

第六，测量大电容的设备时，在读取读数后，应在转动情况下将兆欧表与被试设备断开。在测量过程中应防止突然停止摇动而烧坏兆欧表，试验完毕应将被测设备充分放电。

2. 使用万用表时应注意的安全事项

第一，测量电阻时，必须将被测设备的电源切断。

第二，测量前，首先弄清楚是测量电压、电流和电阻中的哪种，是交流还是直流，表笔的插孔是不是所测的项目，转换开关是否在合适的档次位置上，不得放错。

第三，测量前，若对被测电压、电流值不清楚，应将量程放在最高挡位上。

第四，转换量程时，不可带电进行。

3. 使用电钻时应注意的事项

第一，使用电钻时，不允许戴线手套，应戴绝缘手套，穿绝缘鞋，站在绝缘垫或干燥的木板、木凳上。

第二，电钻绝缘应良好。外壳必须良好接地，且电源线和外壳接地线均应用橡套软线。

第三，使用前应选择好合适的钻头，并用专用钥匙将钻头卡紧。

第四，工作地点附近应有电源开关或熔断器，不要手提电钻去接电源，应将它放在绝缘物上接电源，更不能提着电钻的导线和转动部分。使用前还应用验电笔查看电钻的外壳是否带电。按一下电钻开关，让电钻空转一下，检查转动是否正常。

第五，在加工件上钻孔时，应先用样冲打出定位坑，小工件应夹在虎钳上打孔。

第六，电钻的电线不准接触热体，不要放在潮湿的地面上，不准使用破损漏电的电线，禁止将电线挂在铁管、铁丝和钢筋上。

第七，在工作中如因故需离开工作场所或暂时停止工作，应立即切断电钻的电源。

第八，若空气中含有易燃、易爆、腐蚀性气体以及在非常潮湿的环境中，严禁使用电钻。

4. 使用电焊机时应注意的事项

第一，工作时应戴专用焊接手套，穿专用绝缘鞋，戴防护目罩。

第二，电焊机连接线应使用橡胶软绝缘线。

第三，移动工作时应小心谨慎，防止短路接地，换焊条时要防止触电。

第四，焊接时，应注意电焊机周围有无易燃物品，特别要采取防火措施。

第三章　化工企业常见设备维护管理

第一节　常见化工静设备维护管理

化工企业常见设备主要是完成化学反应过程的设备系统，一般分为动设备、静设备及管阀件。这些常见设备的维护管理与一般通用设备的维护管理有着不同的特点与要求。

由于化工设备常在高温、高压、高转速条件或处于易燃、易爆、有毒和有腐蚀性物质的环境中工作，而随着化工生产机械化和自动化程度的不断提高，生产装置的连续性、设备状况的完好性，对整个化工生产线的连续性、安全性将产生重大影响。只有加强设备管理，正确使用和操作，精心维护保养，使设备处于良好的技术状态，才能保证生产连续、稳定、安全地运行。

设备维护保养就是通过擦拭、清扫、润滑、调整等一般方法对设备进行护理，以维持设备的性能和技术状况。设备的维护保养内容一般包括日常维护、定期维护、定期检查和精度检查、设备润滑和冷却系统维护等。通过设备的日常维护保养，尤其是设备的润滑和防腐工作，可以延长设备的检修周期和使用寿命。化工设备由于长期处于较恶劣的环境中，不仅腐蚀和磨损快，而且易引起爆炸、火灾和毒气污染等恶性事故。因此，加强设备的日常维护保养、加强安全和污染防护工作十分重要。

一、罐类容器

储罐（储槽）是用于储存介质，维持压力稳定，具有缓冲作用的容器。储罐的形式多种多样，按其形状可分为立式、卧式和球形储罐；按储存介质的不同，可分为液氨储槽，石油液化气罐，液氧、液氮以及压缩空气储气罐等；按结构不同可分为固定顶储罐、浮顶储罐和球形储罐等；按容积大小可分为中小型储罐和大型储罐，大型储罐多为立式，中小型储罐多为卧式。①

（一）罐类容器的基本结构

1. 中小型储罐

中小型储罐一般为卧式容器，其结构比较简单，由圆筒体和两个封头焊接而成，容器内通常为低压，壳体上常设有液位计、压力计、温度计等接口。圆筒体一般采用钢板卷焊而成，封头的结构形式有碟形封头、椭圆形封头、半球形封头及锥形封头等，常用标准椭圆形封头。

2. 大型储罐

大型储罐多数是建在地上用于储运原油、成品油、液态化工产品及水等其他液体的立式圆筒形钢制储罐。立式圆筒形钢制储罐由罐底、罐壁、罐顶及附件等部分构成，按罐顶的结构可分为拱顶储罐、锥顶储罐、浮顶储罐等，其中以拱顶储罐和浮顶储罐的应用最为广泛。

拱顶储罐是指罐顶为球冠状，罐体为圆柱形的一种容器。拱顶储罐除了罐顶板的制作较复杂外，其他部位的制作较容易，造价较低，故在国内外石油化工部门应用较为广泛。

内浮顶拱顶储罐内部加上一个浮动顶盖，使储液与空气隔离，减少蒸发和污染。

浮顶储罐由浮在罐内液体介质表面的浮顶和立式圆筒形罐壁、罐底及附件所构成。浮顶直接浮在液面上，其随着罐内储液量的增加或减少而上下浮动。浮顶储罐的容积都比较大。

（二）罐类容器的维护管理

罐类容器在生产使用过程中，故障主要发生在壳体本身，常常由于操作不当、材料选择不当或焊接、热处理方法不当而引起燃烧爆炸、严重腐蚀、侵蚀以及严重泄漏等。罐类容器的维护要点如下。

1. 定期检查

定期检查壳体的腐蚀、侵蚀、裂纹、变形及氢蚀等状况；定期检查金属衬里有无开裂、泄漏及凸起等状况，检查基体的腐蚀状况；定期检查非金属衬里有无破损、剥落、腐蚀、裂纹及破裂等情况。

① 马桂香，范剑明．化工设备操作与维护 [M]. 长春：吉林大学出版社，2017.

2. 清洗

采取喷射清洗、机械清洗、化学清洗等方法清除罐类容器的污垢。

3. 检查试验

在使用之前，对罐类容器要进行水压试验和气密性试验。

二、塔器

塔设备是化学工业、石油化工等生产中最重要的设备之一，它可使气—液或液—液两相之间进行充分接触，从而达到传热、传质的目的。

（一）塔器的基本结构

塔器按照操作压力分为加压塔、常压塔和减压塔；按照单元操作分为精馏塔、吸收塔、解吸塔和萃取塔等；最常见的是按照塔的内件结构分为填料塔和板式塔两大类。

1. 填料塔

填料塔主要由塔体、液体分布装置、填料、液体再分配装置、支承结构、支座以及气液进出口等组成。在填料塔中，塔内装填一定高度的填料，液体自塔顶沿填料表面向下流动，作为连续相的气体自塔底向上流动，与液体进行逆流传质。

2. 板式塔

板式塔主要由塔体、内件及支座等部件组成，内件主要有塔盘、降液管、受液盘、除沫器等。塔体多用钢板焊接而成，塔体上一般设有液面计、人孔、手孔、进料管、出料管、进气管、回流管、压力表和温度计等零部件。塔内装有一定数量的塔板，气体自塔底向上以鼓泡喷射的形式穿过塔盘上的液层，使两相密切接触，进行传质过程。

（二）塔器的维护管理

以填料塔为例，其结构简单，塔内组件较少，机械故障相对减少。但灰尘、锈、污垢及反应生成物、腐蚀性生成物等导致塔内污染严重，污染、腐蚀和泄漏是塔设备常见的故障。塔器的维护管理要点如下。

1. 日常检查

认真做好日常检查，并记录检查结果，作为定期停车检修的历史资料。

2. 停车检查

每年要定期停车检修，将塔设备打开，检修其内部部件。在停车检查前，预先准备好备品备件，如密封件、连接件等，以便更换或补充。

三、换热器

换热器是化工、炼油工业中普遍应用的典型工艺设备，用来实现热量的传递，使热量由高温流体传给低温流体。

（一）换热器的基本结构

换热器的分类方法有很多，按照传热方式不同，换热器可分为混合式换热器、蓄热式换热器和间壁式换热器。在间壁式换热器中，按结构形式又可分为管式换热器，如套管式、管壳式等；板面式换热器，如板式、板壳式等；扩展表面式换热器，如翅片式、管翅式等。其中，管壳式换热器是化肥、化工、炼油厂中应用最广、效率较高的一种传统的传热设备。

固定管板式换热器一般由壳体、管板、管箱、管子、折流板、定距管及支座等组成，换热器的管端用焊接或胀接的方法固定在两块管板上，而管板则以焊接的方法与壳体连接。为了减少温差应力，可在壳体上设置膨胀节。冷热流体分别通过管程、壳程流进、流出，进行逆向换热。

（二）换热器的维护管理

管束、封头的腐蚀、磨损，热效率下降，管子振动以及因换热器材料疲劳、零部件破坏而引起的燃烧爆炸事故，是换热器常见的故障。换热器的维护要点如下。

第一，运行前，将换热器内的气体和冷凝液彻底排净，以免产生水击作用。

第二，运行中，为使换热器长期连续运行，必须定期进行检查与清洗。

第三，定期检查流量、压力和温度等操作记录；定期检查壳体内外表面的腐蚀和磨损情况，定期检查换热器管内外表面结垢的情况、有无异物堵塞和污染的程度；定期检查焊接部位的腐蚀和裂纹情况；定期清洗管内壁的污垢。

第四，停车时，必须将换热器内残留的流体彻底排出，以防冻结、腐蚀和水锤作用。

四、反应器

反应设备是实现化学反应的设备，在化工、炼油生产中使用较多的反应设备有搅拌反应器、固定床反应器和流化床反应器。其中，搅拌反应器最常用。

（一）反应设备基本结构

搅拌反应器的结构主要由搅拌器、罐体、夹套、压出管、人孔、轴封、传动装置和支座等部件构成。

搅拌反应器的主要部分是容器，一般由筒体和上、下封头构成。筒体一般为圆筒形，上、下封头一般为椭圆形、圆锥形和平板形，其中椭圆形封头最为常见。搅拌反应器内所有的人孔接管、搅拌的传动装置一般都直接安装在反应器的顶盖上，提供化学反应所需热量或带走化学反应生成热的夹套传热装置可焊在釜体上。

（二）反应设备的维护管理

反应设备中的反应介质多数是易燃易爆的气体或粉末状固体物料，因物料性能不清、操作不规范和阀门、密封面等泄漏而造成的爆炸、中毒事故较多。搅拌反应器维护应严格按产品铭牌上标定的工作压力和工作温度操作使用，以免造成危险；严格遵守产品使用说明书中关于冷却、注油等方面的规定，做好设备的维护和保养；电气控制仪表应由专人操作，并按规定设置过载保护设施。

五、废热锅炉

锅炉是一种利用燃料燃烧后释放的热能或工业生产中的余热传递给容器内的水，使水达到所需要的温度或一定压力蒸汽的热力设备，由“锅”（即锅炉本体水压部分）、“炉”（即燃烧设备部分）、附件仪表及附属设备等构成。

锅炉在运行中由于水的循环流动，不断地将受热面吸收的热量全部带走，不仅使水升温或汽化成蒸汽，而且使受热面得到良好的冷却，从而保证锅炉受热面在高温条件下安全工作。

废热锅炉是利用化工生产工艺气中的废热工作的，因此，它既是一种能量回收装置，又是一种化工介质工艺设备。废热锅炉的结构形式多种多样，化肥、化工、炼油厂用得最多的是固定平管板式火管废热锅炉和挠性管板式、碟式管板式、烟道式废热锅炉等。

（一）废热锅炉的基本结构

卧式固定平管板式火管废热锅炉与管壳式换热器类似，管板直接焊在壳体上，炉管和中心旁通管组成管束，中心旁通管的作用是调节高温气出口温度。为了维持工艺气体的温度，在工艺气体的进出口处装有保温衬等保温装置。饱和水从筒体下部进入，在壳程内流动，与炉管内的高温工艺气体换热后生成汽水混合物由筒体的上部进入汽包。由于循环系统的阻力较小，汽包通常可以直接放置在废热锅炉筒体的上方。

（二）废热锅炉的维护管理

因操作、使用不当，废热锅炉的管壁超温、过热、爆裂，炉管管壁发生高温腐蚀，炉管爆破（即加热部件管子的破裂）、炉体损坏、管束失效等是常见的事故。废热锅炉的维护要点如下。

1. 运行前的检查

检查水质，使其符合规定的各项指标，避免锅炉结垢。

检查供水装置，使选用的供水装置的流量和压力满足废热锅炉运行的要求。

检查废热锅炉的安全附件，如水位计与安全阀等，尤其应使安全阀符合开启的压力要求。

2. 运行中检查

注意调整汽包水位的波动情况，使其水位控制在允许的波动范围内。监视给水压力和给水流量，注意防止自动调节器失效。

监视水循环系统，保证废热锅炉在高热负荷下不发生超温而爆炸。监视蒸汽的品质和压力，使蒸汽压力在允许的波动范围内。

定期检查安全阀动作的可靠性。在运行中，要根据用汽多少、设备运转和燃烧工况等情况，进行调整等工作，做好原始记录。

3. 清洗

废热锅炉运行一段时间以后，需要进行清洗，目的是清除在传热面上沉积的污垢层、结焦或金属腐蚀物等。清洗的方法有化学清洗、水力清洗和机械清洗等三种。

4. 停炉

废热锅炉的停炉过程是一个不稳定的过程，停炉时锅内各部分的降温速度不能太快，否则会产生大的热应力而导致废热锅炉损坏。因此，停炉时的进水速度、温度和上水时间都应严格控制。

5. 锅炉及主要附件定期检验

安全阀、压力表、水位计、温度仪表等主要附件要定期检验。要使锅炉正常运行，必须使锅炉本体、附属设备、仪器表计处于完好、准确、灵敏、可靠的状态，平时做好堵漏、保温、清灰、除垢等维护保养工作，“风、水、汽、烟”的“跑、冒、滴、漏”应减少到最低限度。

第二节　常见化工动设备的维护管理

化工、炼油生产中典型的动设备有活塞压缩机、离心压缩机、离心泵和离心机等，由于这些都是以流体作为工作介质进行能量转换的机械，所以统称为流体机械。

一、流体机械的分类

（一）按流体介质分类

按流体介质分类，流体机械可分为压缩机、泵和分离机。

1. 压缩机

压缩机是一种用于压缩气体、提高气体压力和输送气体的机械。根据排气压力的高低，又分为压缩机（狭义）、鼓风机、通风机及真空泵。

2. 泵

泵是加压或输送液体的流体机械。

3. 分离机

分离机是利用机械能将混合介质分离开来的机械。这里是指分离流体介质或以流体介质为主的分离机。

（二）按工作原理分类

按工作原理分类，流体机械可分为容积式、速度式（动力式或透平式）和其他形式的流体机械。

1. 容积式流体机械

容积式流体机械利用活塞、柱塞及各种形状的转子在流体机械内部空腔中进行往复运动或旋转运动，使工作容积发生周期性变化，从而使流体提高压力并排出。

容积式流体机械又分为：①往复运动式流体机械，如活塞压缩机、柱塞泵、隔膜泵、膜片式压缩机、往复压缩机等。②回转运动式流体机械，如螺杆泵、螺杆压缩机、罗茨鼓风机、滑片式压缩机、齿轮泵、液环泵等。

2. 速度式流体机械

速度式流体机械是依靠高速旋转叶轮的动力学作用，使流经叶轮的流体增加速度和压力，并在以后的流道中，部分速度能转化为压力能的流体机械。

速度式流体机械又分为：①径流式流体机械，如离心泵、离心压缩机、离心风机。②轴流式流体机械，如轴流泵、轴流压缩机、轴流风机。③混流式流体机械，如混流泵、混流风机。

二、活塞压缩机

活塞压缩机是依靠活塞在气缸中做往复运动，使工作容积发生周期性变化来压缩气体，以提高气体压力的机械。

（一）活塞压缩机的基本结构

活塞压缩机主要由主机和辅机两部分组成，其总体结构主要包括机身、气缸、曲轴、连杆、十字头、活塞杆、活塞组件、填料和吸排气阀等。其中曲轴、连杆、十字头构成曲柄连杆运动机构，可将原动机的回转运动转变成活塞的往复直线运动，从而周期性地改变气缸工作容积，实现气体的吸入、压缩和排出过程。

（二）活塞压缩机的维护管理

曲轴、连杆、连杆螺栓、活塞杆断裂是活塞压缩机常见的故障。

气缸和活塞是实现气体压缩的主要零部件，而气缸发热、异常振动、开裂和活塞断裂事故，在活塞压缩机工作中是屡见不鲜的。活塞环、气阀阀片与弹簧和填料是易损件，而它们的寿命长短与可靠性直接影响压缩机运行的稳定性和运行周期。辅机部分包括滤清器、缓冲器、气液分离器、中间冷却器、注油器、油泵和管路系统。其中，缓冲器、中间冷却器、气液分离器的燃烧爆炸事故较为常见。

活塞压缩机的维护要点如下。

1. 启动准备

检查供电是否正常；检查安全装置、各种仪表、连锁系统是否完好；检查传动装置是否连接可靠，安全罩是否齐全牢固；检查设备、配管内部有无异物。

启动油泵。气阀设在气缸头部的高压气缸，若启动前注油量过多，启动时残存在气缸内的润滑油就会对活塞产生液体撞击，将导致活塞破坏的重大事故。

向气缸冷却夹套、油冷却器及各级中间冷却器通水，检查气缸排水阀是否已关闭。

盘车一圈以上或瞬时接通主电动机的开关运转几次，检查是否有异常现象。

2. 启动

当确认启动前的准备工作完成无误后，经同意后方可启动压缩机。

3. 正常停车

正常停车前，应使压缩机处于无负荷状态，并依次打开分离器的排油阀，排尽冷凝液，再切断主电动机开关。

当压缩机安全停转后，依次停止内部注油器、冷却油泵和外部齿轮油泵。

待气缸冷却后停止冷却水。

4. 运行和维护

在运行时，要监视压缩机的运行状况，注意吸、排气压力及温度、排气量、油压、油温、供油量和冷却水温度等各项控制指标，注意异常响声，每隔一定时间记录一次。

遇有超压、超温、缺油、缺水或电流增高等异常现象时，应认真排除故障。

三、离心压缩机

（一）离心压缩机的基本结构

当离心压缩机工作时，驱动机通过主轴带动叶轮高速旋转，把气体从吸气室不断吸入叶轮，使气体的压力和速度得到提高；然后流入扩压器，使部分动能转化为压力能，气体的速度降低，压力进一步提高。为了把流出扩压器的气体引入下一级叶轮继续压缩，在扩压器后面设置了弯道，使气体由离心方向改为向心方向流动。回流器主要起导向作用，使气体以一定方向均匀地进入下一级叶轮进口。由于气体在压缩过程中温度要升高，为了节省功耗，防止气体温度过高，气体经三级压缩后，由涡室引出机外至中间冷却器进行冷却，气体降温后再引入第四级吸气室，经四、五、六级压缩后，气体再由涡室引出机外进入管路系统。

离心压缩机一般分几段进行压缩，段与段之间设置冷却器。每一个段一般又由一个或几个压缩级组成，而压缩级是离心式压缩机升压的基本单元，它主要由一个叶轮及与其相配合的固定元件构成。叶轮是离心式压缩机中唯一做功部件，大部分压力是在叶轮中形成的，单级压缩所能产生的压力是有限的，对于较高压力，一般采用多级压缩的方法得到。固定元件包括扩压器、弯道和回流器。由于气体在压缩机中流动方向与主轴线垂直，故称离心式压缩机，它和轴流式（气体在压缩机中流动方向与主轴线平行）压缩机统称为透平式压缩机。

（二）离心压缩机的维护管理

离心压缩机的转速很高，一般是每分钟几千或上万转，对动平衡要求极高。由于种种原因，转子不平衡就会引起叶轮飞裂、叶片断裂、转子损坏、轴承与轴瓦烧坏以及异常振动。离心压缩机维护的要点如下。

1. 启动前

检查管路系统内是否有异物和残存液体，并用气体吹扫干净。

检查润滑油和密封系统等。

检查电气线路和仪表等系统是否完好。

检查压缩机本身，启动前通过盘车检查转子是否顺利转动，有无异常现象；检查管道和缸体内积液是否排尽，中间冷却器的冷却水是否畅通等。

2. 启动

在接通各种外界仪表后，首先启动润滑油泵和油封的油泵，使其正常运行。检查油温和油压，调整到规定值。启动前，全部仪表、连锁系统投入使用，中间冷却器通水。

3.运行和维护

建立一套完好的操作记录，记载压缩机的运行状况。操作记录的内容大体包括：压缩机轴承温度，各级的振动情况，各级进、出口的气体温度和压力，润滑油、密封油的油温和油压，油箱的油位高度等。

为保证压缩机在苛刻条件下长期安全运转，防止事故发生，要进行运行中的监视。运行中监视的内容主要有异常喘振和振动监视、密封系统的异常诊断、其他监视项目等。

在压缩机的启动或运转中，要监视保护系统和调节系统是否正常。

4. 停车

停车后要使油系统继续运行一段时间，当润滑油回油温度降到40℃左右时再停止辅助油泵，关闭油冷却器中的冷却水以保护转子、轴承和密封系统。关闭压缩机中间冷却器的冷却水。

四、离心泵

离心泵是广泛应用于化工工业系统的一种通用流体机械。它具有适应范围广、体积小、结构简单、操作容易、操作费用低等诸多优点。

（一）离心泵的基本结构

离心泵主要由包括叶轮与轴在内的运转部件（即转子）和由壳体、填料函和轴承等组成的静止部件两大部分构成。在泵体内的叶轮入口处有吸液室，叶轮出口处有压液室。为保证离心泵的正常运行，还须具有必要的附属设备，如进水过滤器、底座、闸阀、排出阀、压力表和真空表等。叶轮是传递原动机能量对液体做功的唯一部件。

由于叶轮旋转时将能量施加给液体，所以在离心泵中形成了高、低压区。为了防止液体由高压区流入低压区，在泵体和叶轮互相摩擦的地方装有密封环。由于泵轴伸出泵体，为减少有压力的液体流出泵外和防止空气进入泵内，在旋转的泵轴和固定的泵体之间装有轴封结构；泵在运行中由于作用在转子上的力不对称，会产生轴向力，此力得不到平衡时，会造成振动和轴承发热，因此，泵装置中还设有轴向力平衡机构。

（二）离心泵的维护管理

离心泵轴烧坏断裂，轴承、轴瓦严重磨损，轴封严重泄漏及其他零部件损坏，泵电动机烧坏而停产及由此而引起的燃烧、爆炸、灼伤事故等是离心泵常见的事故。离心泵的维护要点如下。

1. 启动前的准备

清洗配管，运行前必须先清洗配管中的异物、焊渣，切勿将异物掉入泵体内部。

盘车，启动前用手转动转子检查是否有异常现象，并使电动机单独试车，检查其旋转方向是否与泵一致。用手旋转联轴节，检查泵内叶轮与外壳之间有无异物，盘车应轻重均匀，泵内无杂音。

启动油泵，检查轴承润滑是否良好。

2. 启动

灌泵。启动前先使泵腔内灌满液体，必须避免空运转，同时打开吸入阀，关闭排液阀和各个排液孔。

打开轴承冷却水给水阀门。

启动电动机，逐渐打开排液阀。

3.运行和维护

坚持泵的日常检查和大修制度，定期监视泵的运行状况。主要检查项目为泵运转的噪声、轴承温度、填料函泄漏量、流量、压力和功率等。对泵的注油点、油的种类、注油量及注油时间等进行管理，使其处于良好的润滑状态。

在泵运行中发现任何异常现象，要立即报告和及时处理。

4. 停车

打开自循环系统上的阀门，依次关闭排液阀，停止电动机，关闭轴承和填料函的冷却水给水阀等。

五、离心机

离心机是利用离心力来分离液—固相、液—液相非均匀混合物的一种典型的化工机器。离心机具有分离能力强、适用范围广、生产效率高、结构紧凑等特点，应用广泛。

（一）离心机的分类及基本结构

1. 按照分离过程分类

按照分离过程不同，离心机可分为离心过滤、离心沉降、离心分离三类。

离心过滤：常用于固体含量较多、颗粒较大的悬浮液的分离。

离心沉降：常用于固体含量较少、颗粒较细的悬浮液的分离。

离心分离：常用于两种密度不同的液体所形成的乳浊液或含有微量细小固体颗粒的乳浊液的分离。

2. 按照分离原理分类

按照分离原理不同，离心机可分为过滤式和沉降式两类。

过滤式：是指分离过程是在有孔的转鼓上进行的。转鼓高速运转时，液体在离心力作用下，穿过转鼓鼓壁上的网孔而滤出，固体颗粒沉积在转鼓内壁上形成滤渣层，从而完成固—液两相的分离。

过滤式离心机主要用于分离固体含量较多、固体颗粒较大的悬浮液。

沉降式：是指分离过程是在无孔的转鼓上进行的。转鼓高速回转时，悬浮液受离心力的作用，按密度差进行分层沉淀，密度大、颗粒粗的物料沉积在转鼓的最外层；密度小、颗粒细的物料聚集在转鼓的内层。澄清液从离心机的上部溢出。当悬浮液中的固体含量较大时，沉降的颗粒大量积聚，在离心力的作用下越压越紧，形成滤渣层，而且很快地增厚，因此，必须考虑连续排渣问题。

沉降式离心机主要用于分离含固体量少、固体颗粒较细的悬浮液。

3. 按照操作方式分类

按照操作方式不同，离心机又可分为间歇操作和连续操作两类。

4. 按照操作目的分类

按照操作目的不同，离心机可分为固体回收和液体澄清两类。

5. 按其他特征分类

离心机可按轴的位置分为立式或卧式；按传动装置的位置分为上传动或下传动；按卸料方式分为上部卸料或下部卸料，具体还有人工、重力、刮刀、活塞、螺旋和离心卸料之分等；按除渣方式分为人工、半自动或自动；按分离因数分为常速、高速或超速等。

目前在化肥、化工、炼油企业中使用最多的是刮刀卸料离心机和活塞推料离心机。

（二）离心机的维护管理

转鼓振动、机身振动和分离易燃易爆液体时发生的燃烧爆炸事故是离心机常见的事故。离心机的结构形式不同，操作方法也不完全一样。这里仅以螺旋沉降离心机和卧式刮刀卸料离心机为例，介绍离心机的主要维护要点。

1.启动前的准备

离心机启动前检查转鼓有无不平衡迹象，避免启动时振幅较大，不够安全；启动润滑油泵，检查各注油点，确认已注油。

短暂接通电源开关并立即停车，检查转鼓的旋转方向是否正确，并且确认无异常现象。

2. 启动

启动电动机，调节离心机转速，使其达到正常操作的转速。打开进料阀。

3.运行和维护

运行中，应经常检查各转动部位的轴承温度、各连接螺栓有无松动现象以及有无异声和强烈振动等。

对于已使用的离心机，在没有经过仔细的计算校核以前，不得随意改变其速度，更不允许在高速回转的转子上进行补焊、拆除或添加零件及重物。

离心机的盖子在未盖好以前，禁止启动。禁止使用任何物体、以任何形式强行使离心机停止运转。

进入离心机内进行人工卸料、清理或检修时，必须切断电源，取下保险，挂上警告牌。同时还应将转鼓与壳体卡死。

制动装置与主电动机应有连锁装置，且准确可靠。

4. 停车

关闭进料阀。一般采取逐步关闭进料阀，使其逐渐减少进料，直到完全停止进料为止。

清洗离心机。待进料完全停止后，关闭电动机。离心机停止运转后，停止润滑油泵和水泵运行。

第三节　化工管道维护管理

一、管道的含义

管道是用管子、管子连接件和阀门等连接成的用于输送气体、液体或带固体颗粒的流体的装置。化工生产的管道完成各设备之间介质的传递输送，中间产品和最终产品由不同的储罐完成介质平衡与储存。①

① 许春树．化工设备使用与维护 [M]. 北京：中央广播电视大学出版社，2012.

二、管道的维护管理

管泄漏、管堵塞、管振动、管弯曲及阀、法兰等泄漏是管道常见的故障。管道的维护管理一般包括日常维护、定期停车检修和紧急停车检修三部分。

（一）日常维护

1. 登记与建档

登记与建档，如介质、压力、温度；检验周期、检验方法和检测结果；安装时的原始记录及使用、改造、修复和更新记录等。

2. 日常维护

检查管道的完好情况；检查管道的焊缝处有无泄漏；检查支撑体有无松动及防腐情况；检查管道有无强烈振动；检查管内有无杂质堵塞、异物撞击和摩擦声响；检查安全附件、指示仪表有无异常现象；检查阀门的操作机构是否灵活及润滑情况等。

（二）定期停车检修

第一，运行时，一般每年停车大修一次，对管道进行全面检验。检查管道焊缝等表面有无裂纹、腐蚀等情况，检查管道内壁有无裂纹、折叠和腐蚀等缺陷；检查管道、管件的壁厚及连接情况；检查管道支撑件有无松动、损伤或断裂。

第二，检查需修理或更新的部件质量是否合格。

第三，进行耐压试验和气密性试验。

（三）紧急停车检修

为了确保安全可靠地运行，凡遇下列情况之一者，应该紧急停车检修。

第一，输送可燃性、易爆、有毒、强腐蚀流体的管道和高压管道，如发现泄漏，应立即停车检修，并将压力全部排尽。

第二，在运行中如发现管道，特别是高压工艺管道振动超过标准，应立即停车检修，查明振动源，采取消除措施。

第三，运行中，如发现安全附件、指示仪表有缺陷、异常时，应及时报告，必要时停车处理。

第四，运行中，管道如出现疲劳断裂、严重破损、严重腐蚀时，应停车紧急处理。

第四节　化工阀件维护管理

一、阀件的分类及基本结构

在流体管道系统中，阀门是控制元件，其主要作用是隔离设备和管道系统、调节流量、防止回流、调节和排泄压力。[①]

（一）按用途和作用分类

1. 截断阀

截断或接通管道介质，如闸阀、截止阀、球阀、蝶阀、隔膜阀、旋塞阀。

2. 止回阀

防止管道中的介质倒流。

3. 分配阀

改变介质的流向，起分配、分离或混合介质的作用，如分配阀、疏水阀、三通球阀。

4. 调节阀

调节介质的压力和流量，如减压阀、调节阀、节流阀。

5. 安全阀

防止装置中介质压力超过规定值，发挥超压安全保护作用。

安全阀是一种非常重要的保护用阀门，广泛地用在各种压力容器和管道系统上，当受压系统中的压力超过规定值时，它能自动打开，把过剩的介质排放到大气中去，以保证压力容器和管道系统安全运行，防止事故的发生，而当系统内压力回降到工作压力或略低于工作压力时又能自动关闭。所以，安全阀是一个起自动保护作用的器件，安全阀工作的可靠与否直接关系到设备及人身的安全。

安全阀的主要参数是排量，这个排量决定于阀座的口径和阀瓣的开启高度。安全阀按阀瓣的开启高度，可分为微启式安全阀和全启式安全阀，微启式是指阀瓣的开启高度为阀座喉径的 1/40 ~ 1/20，全启式是指阀瓣的开启高度为阀座喉径

① 黎伟泉. 设备拆装与维护实训 [M]. 广州：华南理工大学出版社，2012.

的 1/40。

（二）按阀体排出介质的方式分类

按阀体排出介质可分为开式和闭式两种。

1. 开式安全阀

把工作介质直接排入大气中且无反压力，此安全阀多用于压缩空气装置中。

2. 闭式安全阀

把工作介质排到封闭的管路中，介质不允许向外泄漏。此安全阀适用于贵重气体、有毒或有爆炸危险的气体的容器和压缩机装置中。

（三）按结构形式不同分类

按结构形式不同可分为重锤式、杠杆式、弹簧式和先导式（脉冲式）阀。目前大量生产的安全阀有弹簧式和杠杆式两大类，弹簧式安全阀主要依靠弹簧的作用力而工作；杠杆式安全阀主要依靠杠杆重锤的作用力而工作，但杠杆式安全阀的体积庞大，往往限制了其使用范围。

二、阀件的维护管理

安全阀常见故障有泄漏、到规定压力时不开启、不到规定压力时开启、排气后压力继续上升、阀瓣频跳或振动、排放后阀瓣不回座等。

为了延长阀门寿命，保证启闭可靠，对阀门的使用维护要点介绍如下。

（一）不经常启闭阀门的维护

不经常启闭的阀门，要定期转动手轮，对阀杆螺纹添加润滑剂，以防咬住。室外阀门，要对阀杆加保护套，以防雨、雪、尘土、锈污等。

（二）保持阀门的清洁

要经常检查，特别是螺纹部分，要经常擦拭，对已经被尘土弄脏的润滑剂要换成新的，因为尘土中含有硬杂物，容易磨损螺纹和阀杆表面，影响使用寿命。

（三）保持阀门零部件完整性

注意保持阀门零部件完整性，如手轮的固定螺母脱落，要配齐，不能凑合使用，否则会磨圆阀杆上部的四方，逐渐失去配合可靠性，乃至不能开动。

（四）使用注意事项

管路初次使用时，内部脏物较多，可将阀门微启，利用介质的高速流动，将其冲走，然后轻轻关闭，不能快闭、猛闭；密封面上可能粘有脏物，关闭时也要用上述方法将其冲刷干净，然后正式关严。

正常使用时，启闭阀门用力应该平稳，不可冲击。

第四章　化工机械安全管理与控制

第一节　化工机械制造中的安全因素

一、加强工人因素的控制

企业切勿只考虑生产量而忽略员工本身的影响因素。在生产过程中，员工所起到的作用巨大。员工是直接与设备接触的，企业若能有效控制员工因素就可减少其出现的失误。企业要对工人进行定期培训，只有提升员工综合素质才能有效提高企业生产效率，同时减少安全事故发生。[①]

二、坚持安全生产的原则

安全生产原则对于企业正常运营来说是最重要的，它需要员工时刻把安全生产放在第一位，时刻牢记生产第二、安全第一的观念。工人在实际生产过程中必须坚持这一原则。这不仅是对企业负责同时也是对其自身的安全负责。此外，企业要定期对员工进行安全教育培训，加大对员工安全生产意识培训的力度，切实为工人提供保障。

三、注重机械制造中的环境因素

想彻底消除安全事故隐患并不容易，但预防安全事故发生是可能做到的。要想预防安全事故，人们首先要明确知道安全事故产生的因素，并对这些因素进行彻底优化。其中，环境是主要因素之一，良好的生产环境对工人很重要。因此，企业要时刻注意生产车间的温度与湿度变化，保证车间光线充分。对企业利益来说，良好的生产环境也是重要组成部分之一。有好的环境工人就会有好的心情，进而

① 叶向洋．化工机械安全管理的创新探讨 [J]. 中国石油和化工标准与质量，2023，43（17）：80–82.

才能提高生产效率。

生产能否安全进行，完善的安全保障体系是非常重要的，此外也不要忘记对工人进行安全教育培训。安全因素控制不仅能够为企业发展带来利润，还能够营造好的生产环境。企业应坚持进行安全因素控制工作，只有这样才能全面提升企业效益。

第二节　精细化工中反应釜的安全

在精细化工中，反应釜是化工产品进行化学反应，促进物质有效生成的重要容器，具有一定的储存溶解性，其中的物质若发生化学反应就很容易产生一定的安全隐患。针对精细化工中反应釜存在的问题，企业应该采取行之有效的措施来予以解决，对危险物品的技术防范则是其中的核心技术。对反应釜安全可能存在的问题进行有效防范是提高容器安全生产质量的有效措施。

反应釜是化工中十分重要的物质生成器具，在生产的单元中有着不可替代的重要作用。反应釜、冷凝器与精馏塔通常组合使用，从而组成一个有机联系整体。在反应釜中投放液体物料时，物料在反应釜中发生化学反应，反应过程中的放热和冷凝等是操作环节带来主要的危险因素，因此，在操作环节企业要制定相应的、规避有害因素的操作规程，以避免危险发生。

一、精细化工中反应釜存在安全隐患的因素

（一）投料不规范引起反应釜中的物料爆炸

在反应釜填料的过程中，填料的顺序、填料的多少、填料的快慢等都有可能引起釜内物料的反应从而产生剧烈的爆炸。尤其是反应中热量急速产生，易爆气体急速增加是爆炸产生的主要因素。[①]

（二）管道泄漏，导致高温物料喷溅

在投料的过程中，使用输送泵往反应釜中输送化工液体时，反应釜内容易产

① 张景辉．优化化工机械安全设计预防化工安全事故 [J]. 中国石油和化工标准与质量，2023，43（14）：98-100.

生压力，若有已损坏的输送管道，此时很容易造成对操作人员的液体喷溅伤害，导致灼伤事故发生。在反应结束后的出料过程中，操作人员要等待物料的温度降低到可操作的温度值时再操作，否则，容易引起物料的液体喷溅而灼伤操作人员。只要操作人员按照操作规范操作，这种事故就能够避免。

（三）反应釜内局部高温容易造成爆炸

反应釜内的物料投放不均匀，局部物料的快速反应会使反应釜内的温度急速上升，物料在短时间内沸腾，剧烈的反应会使反应釜内的物料汽化，压力急速上升。爆炸事故大多与操作人员的不规范操作有关，在卸料过程中，也容易产生局部温度快速升高的现象。因此，在相关的物料投放和卸料过程中，操作人员一定要按照操作规范进行操作，以免发生事故。

二、消除安全隐患的措施

（一）加热控制，使温度保持恒温

在反应釜工作期间，操作人员应该随时注意保持温度的恒定，以保证反应釜内物料发生化学反应需要的相应温度。首先，相关的物料反应需要的温度如果不高，加热可主要通过蒸汽或者热水进行。加热应该缓慢进行，以免造成剧烈反应。操作人员要依照物料的反应操作规程进行相应操作，这样既能使反应釜内的相关物料充分反应，又能避免由于反应剧烈而造成爆炸危害。

（二）反应釜在冷却过程中要逐渐冷却，控制反应釜压力

使用一定的连锁冷却，一方面，能够减少因温度过高而产生的不必要压力，另一方面，能够减轻容器的工作承受负荷。在正常的反应釜操作过程中，反应釜主要是应用冷水循环和冷冻液对反应釜进行冷却。但是，在实际反应过程中经常会出现温度过高和反应釜中物料反应剧烈的现象，这时温度和压力会急剧增大，为了安全，相关的操作人员需要快速撤离，这就要求企业在距离反应釜较远的位置设置冷却系统的控制设备，以能够迅速地切断加热源，启动冷却系统，把反应釜的物料反应控制在可控范围内，防止不必要事故的发生。

（三）劳动保护要做到防患于未然

在生产中，人是最主要的因子。反应釜操作人员的岗位防护装置必不可少，

易燃易爆气体容易泄漏的工作岗位应该安装空气置换装置，时刻保证操作岗位易燃易爆空气的相对浓度值较低。这样既有利于反应操作又能保证操作人员的人身健康，又能防范有毒有害气体对反应操作室的污染。操作位置要尽可能选择有利于空气扩散的位置，同时加装可以消除有害有毒气体的抽风设备装置。

三、突发事件紧急处理方法

（一）温度压力上升过快的立即切换工作阀

对于温度压力上升过快的情况，操作人员应该立即找到相应的控制阀门停止反应，要迅速关闭蒸汽（或热水）加热阀，开启冷却水（或冷冻水）冷却阀，然后迅速开启放空阀，在放空阀或温度压力仍无法控制时，迅速开启设备底部放料阀弃料，如果仍无效果则要立即通知人员撤离。

（二）有毒有害物质泄漏时立即撤离并防范

有毒有害物质泄漏时在工厂内操作的人员要迅速佩戴正压式呼吸器并关闭有毒有害泄漏阀门，并且立即通知周围人员迅速往上风向撤离；在无法关闭有毒有害物阀门时再迅速通知下风向（或四周）单位及人员撤离或做好防范工作，并根据物质特性喷洒处理剂进行吸收、稀释等处理。

（三）有人员受伤时采用多种措施立即处理

在急救的过程中，企业应该根据人员的受伤情况予以处理。由吸入有毒气体引起中毒时，中毒人员要饮足量温水，催吐，或饮用牛奶或蛋清解毒，或服用其他物品导泄；由皮肤引起中毒时，中毒人员要立即脱去污染的衣物，用大量流动清水冲洗，并及时就医；当人员身体皮肤被大面积灼伤时要立即用大量清水洗净灼伤面，冲洗时间在 15 min 左右，在更换无污染的衣物后迅速送往医院就医。

总之，管好每一台反应釜，使每一个单元系统能够安全生产是化工企业的第一要务。

第三节　化工机械设备的腐蚀与防护

腐蚀主要是指物体材料和外界环境之间产生了化学或是电化学反应，其在很大程度上会使材料发生变质并受到相应的破坏。从整体角度出发，物体出现了腐蚀就会出现材料变质和破坏等问题。很多时候，材料往往会出现因为过早的变质而出现失效的现象。在这样的情况下就形成了资源浪费和能源消耗。化工行业会出现比较多的腐蚀现象，其中主要涉及酸、碱和盐等物质，这些物质是化工机械腐蚀的重要因素。在被腐蚀后机械设备的外形和功能就会受到影响，这会导致化工企业出现经济损失。因此，企业应该对化工机械设备进行保护，防止出现腐蚀的问题。

一、化工机械的腐蚀原因

一般情况下，化工机械往往是在高温、酸性介质多、碱性介质多的环境下工作。在这样复杂的环境下，化工机械中的金属材料就会和生产过程中的酸、碱和盐等产生反应，而且结合在一起的概率比较大。在此背景下，化工机械设备就很容易出现被腐蚀的问题。化工机械设备出现腐蚀现象的原因往往是其直接和外界的化学物质相接触。同时，腐蚀还会从部分延伸到化工设备的整体和内部。化工机械设备经常会和化学物质接触，而且很多时候都是在潮湿、高温、高压和酸碱性环境之中工作，这就增加了腐蚀现象发生的概率，腐蚀范围也会更大。①

另外，化工机械出现腐蚀问题的原因还涉及电解质作用、电极作用和环境因素，如在化工机械处于通电的情况下，其就会与外界的化学物质产生相应的反应，由于金属物质自身拥有一定的化学性能，从而更加受外界环境影响。为了对化工机械腐蚀因素进行详细分析，人们对其进行了分类处理。

化工机械设备多处于高温、高压、交流电场、低温、粉尘、酸、碱、盐、腐蚀性气体等环境中，设备在与周围介质接触的过程中，不可避免地要发生一些物理的、化学的或电化学反应，机械设备就会因受到腐蚀而损坏，出现跑、冒、滴、漏现象，给化工生产造成严重安全隐患，甚至可能导致严重事故，如设备报废、

① 夏文．化工机械设备维护维修与安全管理分析 [J]. 价值工程，2020，39（36）：157-158.

人员伤亡和环境污染。由于化工机械设备所处的环境及化工生产过程中的磨损等原因，腐蚀会不断发生。因此，企业必须采取一定的措施，控制和减少腐蚀发生，以维护设备的正常、稳定运行，这对化工生产行业来说，具有深远意义。

二、化工机械设备腐蚀的特性

化工机械设备腐蚀具有自发性、非线性和持续性的特点。

自发性：化工机械设备处于特定的环境下，多种因素综合作用，腐蚀条件满足的情况下，腐蚀会自发进行。

非线性：腐蚀速度会随着外界环境的变化而变化。在干燥、无氧环境下，腐蚀要慢一些，在潮湿、导电、酸碱等环境下，腐蚀要快一些。

持续性：金属腐蚀无时无刻不在发生，是一个持续、累积的过程。有些物质腐蚀过程比较缓慢，几十年甚至几百年才能被肉眼看到，有些物质腐蚀发生得非常快，数分钟就能看到明显变化。

三、金属腐蚀的分类及产生机理

按照金属腐蚀产生的机理和发生原因及表象进行分类，金属腐蚀可以分为化学腐蚀、电化学腐蚀和其他腐蚀三种类型。

（一）化学腐蚀

化学腐蚀是金属表面与金属周围介质发生化学反应产生一种新的物质——金属氧化物,从而使金属遭到破坏的过程。化学腐蚀主要发生在高温干燥的环境下，金属材料与腐蚀介质会直接发生反应。

（二）电化学腐蚀

电化学腐蚀的产生条件是金属材料与电解质溶液接触。其是通过电极发生氧化还原反应的过程，主要发生在潮湿的环境中。

电化学腐蚀的产生机理：在潮湿的环境中，不纯的金属与周围介质（电解质溶液）接触发生原电池反应。任何电化学腐蚀都至少包含一个阳极反应和一个阴极反应。金属中较活跃的金属发生氧化反应，充当原电池负极，金属中不太活跃的金属或非金属绝缘体杂质充当原电池正极。在原电池反应中阳极金属失去大量电子，放出电子流，同时金属阳离子从金属中转移到介质中，并与介质中的离子流结合，而阴极相对发生的是还原反应，阴极附近介质中的氧化剂中的阳离子吸收来自阳极的电子发生还原。由于电化学腐蚀的电流是在腐蚀电池内的阴极发生的自损耗反应，其在原电池反应发生条件满足的情况下不断进行反应，这样无疑会加快金属被腐蚀的速度。

在一些工业污染较为严重的地区，空气中含有大量的CO_2、SO_2、硫化物、氢氧化物和盐等挥发物，还包含一些工业粉尘，这些物质都是一些腐蚀性介质。在潮湿条件下，酸性气体与水结合形成无机酸，这些无机酸是腐蚀介质的来源，对金属有极强的腐蚀作用。在工业大气环境下，金属腐蚀是电化学腐蚀和直接化学腐蚀的综合作用。从本质来看，化学腐蚀和电化学腐蚀的本质都是金属被氧化失去电子的过程，它们的差别是发生的条件不同：化学腐蚀是在高温干燥环境下，金属与周围介质直接发生化学反应，产生新物质的过程；而电化学腐蚀是在潮湿环境下发生的原电池反应。

（三）其他腐蚀

按照腐蚀的产生原因及表现分类，其他腐蚀分为高温氧化腐蚀、剥层腐蚀、点状腐蚀、焊接应力腐蚀、缝隙腐蚀、疲劳腐蚀、振动磨损腐蚀、电化学腐蚀、工业大气腐蚀、海洋大气腐蚀等。对于化工行业来说，机械设备的腐蚀以电化学腐蚀、焊接应力腐蚀、缝隙腐蚀和疲劳腐蚀为主，尤其是电化学腐蚀最多，这是多种腐蚀综合作用导致的。

四、化工机械的防腐措施

（一）电化学防腐

为了更加有效地防止化工机械出现被腐蚀的问题，就应该以化工金属机械作为原电池的阴极。人们主要可以从以下几个方面对电化学腐蚀进行详细防护。

第一，实行外加电流防护的模式。该防护模式主要是通过外加电流对需要防护的金属进行转变，将其转换成阴极，在该情况下，其他金属就可以转换成阳极，这样阴极金属就能够得到保护，从而防止电化学腐蚀问题出现。

第二，运用牺牲阳极电保护的手段。针对那些需要被防护的金属，当其电势在比较低的位置时，金属就可以成为阴极，则其中的另一个面就可以作为阳极，这样就对阴极金属进行了重点防护，防止出现电化学腐蚀。另外，在开展化工机械腐蚀防护的过程中，电化学腐蚀总是在海水、河水和土壤中发生，针对这种情况，企业就可以运用阳极牺牲的形式进行保护，其中经常涉及的材料有镁、锌、铝。

（二）对机械设备防腐进行管理

在对机械设备进行重点管理的过程中，人们要从生产层面出发，避免出现机械设备损坏。通常情况下，损坏的部分经常会出现原电池反应，因此，在化工机械的表面就很容易产生腐蚀的问题，这就会阻碍机械设备的稳定运行。与此同时，企业还应该对机械设备的防腐管理工作进行整合和升级。总的来说，不同类型的机械设备，材质会存在一定的不同。在此情况下，企业就应该以具体的环境为重要依托，以此制定出防腐管理措施，如潮湿的环境就经常会出现腐蚀的情况，企业就应该重点关注这样的环境，针对那些易产生的化学反应制定预防措施。针对这个问题，企业就可以采用防潮措施，为机械设备提供干爽的环境，这样就加强了机械设备的防潮防腐能力。

（三）完善机械设备选购工作

在机械设备防腐的过程中，比较重要的一项内容就是对机械设备的选购工作。针对该工作内容，企业要从化工机械设备的工艺和安装尺寸层面着手，要选择适当的型号。在选择机械型号的过程中，选购人员需要结合企业自身的经济实力，并且着眼于机械设备的参数性能。同时，选购人员还应该以机械设备安装后生产的环境条件为重要依据，选用化学性能或者耐腐蚀性能强的机械设备，以保证机械设备能够符合环境的具体要求。另外，在对机械设备进行重点安装之后，企业还应该从实际环境状况出发，对防腐工作进行完善和升级，使化工机械的防腐性能得到有效提升。在这个过程中，工作人员可以对化工机械与外界介质相接触的金属表面进行涂刷，通过防腐材料对其防腐能力进行完善，最终将机械金属表面和外界介质化学反应相分离，从而避免出现腐蚀问题。

（四）运用耐腐蚀材料

化工机械一个十分重要的防腐措施就是开发和合理运用防腐材料。通常情况下，仅仅运用防腐的形式是难以进行腐蚀防护的。因此，在实际进行防腐的过程中相关工作人员应该对相关材料进行开发，使其运用价值最大化。在现阶段，有关厂家已开发出耐腐蚀性能较高的合金材料，如 304 型和 316 型的不锈钢及钛合金等耐蚀合金。另外，在这些材料开发的过程中也出现了很多耐腐蚀非金属材料，这些材料在化工设备上也得到了十分有效的运用，可以运用在化工机械设备的制作上。总的来说，这些材料主要是塑料、石墨和陶瓷等。这些耐蚀的非金属材质还可以作为耐腐蚀的里衬。这样，在实际进行化工机械设备防护的过程中，工作人员就可以合理运用耐腐蚀性质的材料，最终提高机械设备运行的效率，提高其使用寿命。

（五）做好表面防腐工作

化工机械设备的表面防腐工作也是防腐工作中的关键和核心。在这样的情况下就应该对防腐技术进行升级和改进。在具体运行的情况下机械设备表面要涂耐腐蚀的材料，使化工机械设备能够与外界存在的介质相互隔离，从而更好地防止出现化学反应。在化工装置、化工储罐的内外也运用了比较多的耐腐蚀材料，其中比较关键的位置是输油和输气管道。总之，机械设备的表面防护工作是设备防腐的一项重要内容，这项工作为化工机械设备稳定运行提供了有力的保障。

（六）制定完善的机械防腐管理方案

在实际开展机械设备防腐的过程中，人们需要以完善的方案计划作为支撑。在这样的背景下，为了防止机械设备出现外部的损伤，企业就应该提升工作人员的能力和工作水平。机械设备外部会严重受到相关因素的影响，最终出现电池反应，从而引发一系列的腐蚀。因此，相关工作人员应该从实际出发，为机械防腐工作提供完善的解决方案，并在实际开展工作的时候以方案为基准。同时，需要以材料的性质和具体所处的环境为前提，对防护方案进行优化和升级。这样，针对潮湿的环境，人们就可以运用相应应对措施，最终防止化学反应出现，深化机械防腐工作。

企业要提高对化工机械设备防腐工作的重视，不仅要加强方案制订工作，还应该从机械设备产生腐蚀的原理和因素出发，对这些内容进行详细分析，保证化工机械设备能够更加稳定运行，最终促进企业良好发展。

第四节　化工机械设备安装工程的质量控制

化工机械设备的安装工程是化工企业正式从事生产作业之前的重要环节和关键工作。化工设备的安装工程通常会牵扯大型重工设备，因此，其安装的工程量相对较为庞大。安装的技术人员只有借助相关的工具和器材，通过一系列的安装技能及施工技术才能最终完成对化工设备的正确安装。在安装工作完成之后，安装人员还要进行全面的调试工作来检测所安装的机械能否正常运转和工作。可以说，化工机械设备的安装工程是化工企业正常运转的关键保障，企业生产的效率和运行质量直接由安装工程的质量好坏来决定，因此，企业必须加强和有效控制化工机械设备的安装质量，这是确保化工企业安全生产的重要手段。

一、化工机械设备安装工程质量控制的必要性分析

化工企业的生产环节及生产所使用的化工原料都具有易燃易爆、对人体具有腐蚀性等危害。同时，化工设备一般在工作环境恶劣的高压中工作，这对化工设备的安装及安全稳定运行的要求较高，只有确保化工设备的安装质量，企业才能保证生产作业正常进行。另外，加工企业的经济效益很大程度上由生产效率所决定，而化工机械设备的安装质量是影响生产效率的关键因素，企业只有加强对设备安装工程的质量控制，减少生产作业中机械故障发生的频率，才能有效提高生产效率，并通过减少维修和更换机械的成本来有效控制运营成本，从而最终达到提高企业经营效益的目的。①

二、化工机械设备安装的相关概念

（一）化工机械

化工企业的生产经常牵扯化学反应、原料分离、化学原料预处理等相关工作，在完成这些工作过程中使用的化工机械设备通常被分为化工设备和化工机械两种类型。化工设备主要用于静止的操作，通常指各类静态仪器，而化工机械主要是指运动操作的工具，在设备与机械之间没有明显的标准对其进行分类。从总体上

① 马亚朋．化工机械设备安装工程的质量控制 [J]. 石化技术，2024，31（4）：149-150.

来说，化工机械都具有抗腐蚀能力强、密封性好、使用效率高和耗能低等优点。

（二）化工机械设备安装

化工机械设备安装是一项相对复杂的工作,各种设备对安装技术的要求不同，同时在安装程序上也各有差异。统一来说，化工机械设备安装就是指设备从生产厂家到设备使用企业正式投入运营这一阶段所必须经历的一个工作环节，并且安装人员需要按照一定的技术和方法将机械设备的主体部分与其附属的零件进行正确安装，并通过不断调整和试运行来检测安装的质量，以确保化工机械设备能够投入生产作业活动中，由此可见，化工机械设备安装不仅是土建部门与生产部门之间的主要工序，也是化工机械设备投入使用必须经历的一个重要环节。

三、化工设备安装工程中所出现的问题

（一）质量监管体系不健全

化工机械设备安装的质量在很大程度上会影响设备在投入运行之后的工作状态。就我国的化工设备安装行业整体的发展情况来说，还有许多企业并没有对工程质量监管的相关工作给予足够的重视，导致很多设备在生产之后质量不合格。我国目前还没有一套比较完善的化工设备安装工程技术监管体系和法律法规，相关企业在施工过程中并没有法律层面的良好约束，导致施工质量低下。此外，由于目前市场经济体制所形成的影响，人们只注重对利益的追求，安装施工团队经常出现较大的人员流动，无法呈现较好的稳定性，很多企业出现了专业技术人才流失的问题，并且施工工艺和技术应用水平较为低下，给工程整体质量造成了不良影响。

（二）设备质量问题

相对其他类型的机械设备来说，化工设备所处的工作环境显得十分特殊，它们大都处在温度较高、湿度较高及空气流通性比较差的环境中。这就要求化工设备当中的各种元件具有过硬的质量，才能抵御恶劣环境的影响，保证设备能在安全、稳定的状态下运行。不过，从目前整体的市场环境来看，有相当一部分生产厂商为了追求更高的利润，尝试对原料成本进行缩减，以次充好，时常出现原材料采购人员与供应商勾结，通过采购劣质产品牟取私利的现象。而正是由于种种情况的出现，给机械设备质量造成了严重的影响，以致化工事故频发。

（三）资料文件记录和保管问题

有很多化工企业对机械设备安装比较重视,但在设备安装并调试合格之后,却并不重视对相关资料的收集及保管。这种情况导致在机械设备出现故障之后人们很难找到与其相关的资料，给设备维修过程造成阻碍。只有完善的资料积累，才能为今后的设备安装工作提供良好的参考，资料缺失也给企业生产效率造成一定的影响。

四、化工机械设备的安装要点

（一）精准校验及稳固

化工产业涉及复杂的化学反应，这些反应大多要求设备气密性良好，或是伴随着热量的变化，因此，反应设备的质量容不得丝毫马虎。一些装备虽然安放在单个基础上，但相互间通过连接装置、管道等相连接，在装置安装过程中应尽可能进行精准校验及稳固。

（二）清洗润滑

在完全清洗化工机械设备内外后，则要开始对机械设备进行加油润滑。润滑油通过试验室检测，确定符合相关使用要求后，方可应用于化工机械设备。

给机械设备注入润滑油并不是一个简单的过程，在注入之前需要对润滑油进行特别管理，以防止氧化等。一些设备往往在密闭环境下运行，也就意味着其运行期间不方便添加润滑剂，因此，需要在组装阶段就预留足够的润滑剂，让它形成更加坚固的油膜，从而在机械装备运转时起到预想的润滑效用。

（三）调试安装

化工机械设备安装完成以后，需要按照有关规定进行调试，在确保正常运转后方可投入使用。通常情况下，化工机械设备的测试工序是：先实行空载，后实行带载；先执行单机，后执行程序系统，终级联动。在进行化工机械设备测试时需先从元件开始，再到组件，最终到每台或整体机械设备。在使用由非单一设备构成的联动机组时，人们必须对相关组成部分进行单独调试，确保其不会因部分问题而影响整体运转，可以通过检验整体可靠性来提高设备的可用性。

五、化工机械设备安装工程质量控制措施

（一）提高安装工程实施人员的专业素养

人为因素是影响化工机械设备安装工程质量的重要因素之一，这里主要包括设备安装时的一线安装人员及管理人员等。为了能够充分地保障安装工程的整体施工质量，企业必须不断提高参与施工人员的综合能力与技术水平，因为施工质量的好坏与实施人员的实践经验及专业技术水平密不可分。为了提高安装工程的整体质量，企业应该考虑制定合理的人才选拔制度，根据实际工程的技术要求选定合适的人员，然后进行合理的工作分配，让每个人都能够充分发挥自己的优势。另外，企业还应该考虑对现场实地工作的工作人员进行一些有针对性的培训，如现场的安全防护、施工的规范制度、安装的操作流程等。为了保障化工机械设备安装能够正确有序地进行，企业应该在施工过程中不断规范相关人员的施工行为，加强施工中的技术把控力度，让他们能够按照设备安装说明中的具体施工程序和技术标准进行施工，从而保障每一项施工都能够达到要求的标准，这对于设备后期的正常运行起到了非常关键的作用。

同时，在整个化工机械设备安装工程的过程中，相关的施工负责人及管理人员的作用也是举足轻重的。这些人员必须进行合理的规划管理，对每一项施工都应该进行严格的质量把控和审查，要有责任心，这对于保证化工机械设备安装工程施工质量是非常重要的，一旦管理层出现散漫或者不负责任的现象，设备的安装施工质量将会大打折扣。

相关的管理人员必须树立质量第一的理念，始终将质量放在第一位，不断优化和控制施工中的管理理念，对化工企业的利益给予充分的重视，做到对工作一丝不苟，遵循既定的质量标准和操作规程，提高化工机械设备的安装质量。

（二）健全质量监督与管理机制

化工机械设备安装工程是一项复杂且涉及很多不同专业技术的工程项目。因此，企业极有必要建立一个合理的管理体制，形成一个全面的、科学的管理体系，同时，化工企业也需要不断地加强自身的管理能力，这对于全面提高安装工程的实施质量能起到积极的作用。对于管理部门来说，首先，应该根据实际的安装流程制订合理的施工计划，确定每一个施工流程的阶段性目标；其次，对于工程中每一项的施工过程中都必须进行合理科学安排，不管是资源还是人工都应该有理

有据，将每一处工作都落实到责任人，同时制定相应的奖罚制度，这有利于提高每个施工人员的责任心和工作效率。在实际的施工过程中，管理人员一定要严格把控管理规范，增强施工人员的安全意识，对于一些重要化工机械设备安装环节应实时跟踪确认，保障每一个环节都能满足管理规范程序，每一个施工程序都要落实到具体的部门责任人。除此之外，企业应该继续加强监管的力度，对于施工中的每个环节都应该进行自检、互检和交检，这可以有效地监督检查每个施工环节，同时，人们要严格把控施工实施的进度和实际状况，在保证安装质量的同时尽量缩短施工的进度，对于在安装过程中发现的安全隐患要及时采取有针对性的措施进行处理，保证每一位实施人员的人身安全。

（三）做好资料保存与安装记录检查

在化工机械设备的安装过程中，技术人员需要详细记录安装过程的各个参数与安装步骤。在质量监督与管理部门进行化工机械设备的试运行时也应做好试运行的记录留存，然后将厂家提供设备的标准运行参数阈值与设备实际运行的参数进行对比分析，并以此为判断标准去检验化工机械设备安装的质量是否能够满足设备正常运行要求的标准，形成规范性的安装文档与质量检测文档，这些数据与资料对于后期化工机械设备出现故障时的维修工作具有重要的参考价值。

（四）安装工程实施技巧

在化工机械设备的安装过程中，技术人员需要严格控制每个部件安装的质量与精度。下面以石油化工静置设备安装为实例，剖析该类化工机械设备在安装过程中的技巧。

石油化工静置设备是在石油化工生产中用于传热、存储与进行化学反应等过程的容器。石油化工生产中涉及的化工机械设备较多、体形较大。受设备运输条件的限制，超重、超大的设备一般采用分段或分片运输的方式，然后再在施工现场进行拼装、焊接，将半成品设备组装成整体设备。因此，在石油化工静置设备的安装过程中人们需要关注以下几个方面。

第一，在正式采购静置设备之前，采购人员需要对意向的静置设备生产单位进行严格的行业审查，要求其出厂的静置设备符合设计的要求，并且附有设备的出厂合格证、质量合格证及详细的安装步骤说明等文件。

第二，在静置设备安装过程中需保证其外观无裂纹、孔洞、露筋等问题，还需要清理预留的螺栓孔，保证其清洁干净。地脚螺栓孔里的积水与杂物应清理干净，预埋地脚螺栓和螺母的表面所黏附的浆料也必须清理干净。此外，静置设备放置地面还需铲出麻面，麻面的深度应大于 10 mm，注意在铲麻面的过程中要保证基础棱角部位不被损坏。

第三，可以通过不断调整安装基准线与静置设备上的基准测点使两者对应起来，实现静置设备找正找平。在调整的过程中，应当有一定的参考依据。例如，立式设备的方位一般以任意两条相邻的方位线作为垂直找正基准；静置设备支承的底面标高一般以基础上的标高为参考基准；静置设备的中心线位置一般以基础上的中心划线为参考基准，通过以上的方式人们可以实现静置设备的快速找平找正。

静置设备的调试运行，以石油化工静置设备为例，石油化工静置设备在安装完成之后，人们需要根据相关规范制度与参考标准对其进行调试运行，测试设备的运行效果，评判设备安装的合格性与设备的质量。只有在对静置设备进行完备的调试运行之后，才能将其正式投入实际的石油化工生产过程中。在对化工静置设备进行调试运行的过程中，人们一般是从部件入手，然后到组件，再到单台，最后是对整套的化工静置设备进行调试运行，以由小到大逐级评判设备安装的合格性，保证对设备安装质量的全面检测，使通过检测的静置设备能够高效且高质量地进行化工产品生产。

第五章　化工安全应急预案与应急救援

第一节　重大危险源的辨识、评价和监控

一、控制重大危险源

控制重大危险源的目的，不仅是预防重大事故发生，而且要做到一旦发生事故，能将事故危害限制到最低程度。重大危险源涉及易燃、易爆或有毒有害的危险物质，并且在一定范围内使用、生产、加工或储存数量超过了临界数量，都有危险性，所以必须有效控制重大危险源。[①]

二、重大危险源的控制系统

重大危险源的控制系统包括：重大危险源的辨识；重大危险源的评价；重大危险源的安全报告；重大危险源的管理措施；事故应急计划；工厂选址和土地使用规划；等等。

（一）重大危险源的辨识

为了防止化工生产、化学品储存过程中重大事故的发生，首要的是辨识和确认重大危险源。由政府主管部门和权威机构在物质毒性、燃烧、爆炸特性基础上，制定出危险物质及其临界量的标准。根据危险物质及其临界量的标准，可以确定哪些是可能发生事故的重大危险源。

1. 重大危险源辨识标准

国家标准《危险化学品重大危险源辨识》（GB 18218–2018）提出了重大危险源辨识标准，并列出每个物质的限额或允许的数量。单元内存在危险物质的数量等于或超过国家标准规定的临界量，即被定为重大危险源。

---

① 李瑾，刘立峰．新时期化工企业生产安全和应急管理 [J]. 化工设计通讯，2024，50（2）：156–158，162.

2. 重大危险源的类别

重大危险源分为生产场所重大危险源和储存区重大危险源两类。生产场所重大危险源按以下四类物质及其临界量加以确定：爆炸性物质；易燃物质；活性化学物质和有毒物质。储存区重大危险源的确定方法基本相同，只是其临界量的数值较大。

（二）重大危险源的评价

确定了重大危险源后应对其进行风险评价，分析各种危险因素，依次评价危险事故发生的概率和后果，对评价结果与安全目标值进行比较，检查风险值是否达到可接受水平。对不可接受的风险要进一步采取措施，降低风险程度，达到可接受的水平。

1. 重大危险源的评价内容

辨识各类危险因素、原因与机制；依次评价已辨识的危险事件发生的概率；评价危险事件的后果；进行风险评价，即评价危险事件发生概率和发生后果的综合作用；风险控制，即将上述评价结果与安全目标值进行比较，检查风险值是否达到可接受的水平，否则需进一步采取措施，降低危险水平。

2. 重大危险源的评价步骤

①收集资料，明确评价的对象和范围。收集国内外相关法规和标准，了解同类设备、设施或工艺的生产事故情况，评价对象的地理、气象条件及社会环境状况等。②危险有害因素辨识分析。根据所评价的设备、设施或场所的地理、气象条件、工程建设方案、工艺流程、装置布置、主要设备和仪表、原材料、中间体、产品的理化性质等，辨识和分析可能发生的事故类型，事故发生的原因和机制。③选择评价方法。在危险分析的基础上，对重大危险源划分评价单元，根据评价目的和评价对象的复杂程度选择具体的一种或多种评价方法。④对事故发生的可能性进行定性和定量的评价，在此基础上对重大危险源进行危险分级，以确定管理的重点，提出降低或控制重大危险源的危险性的安全对策措施。根据评价和分级结果，高于标准的重大危险源必须采取特殊的工程技术或组织管理措施，降低或控制危险。

3. 重大危险源的评价方法

①划分重大危险源。评价以危险单元作为评价对象，一般把装置的一个独立

部分称为单元，每个单元都有一定的功能特点。在一个共同厂房内的装置可以划分为一个单元，在一个共同堤坝内的全部储罐也可划分为一个单元。散设地上的管道不作为独立的单元处理，但配管桥区例外。②评价模型的层次结构。根据安全学一般原理，危险性定义为事故频率和事故后果严重程度的乘积，也就是说，危险性评价一方面取决于事故的易发性，另一方面取决于事故一旦发生后的严重性。现实的危险性不仅取决于生产单元的固有危险性，还取决于人为管理因素及防灾措施的综合效果。

（三）重大危险源的安全报告

企业应在规定的期限内，对已辨识和评价的重大危险源向政府部门提供安全报告。如属新建的有重大危险的设施，则应在其投入运转之前提交安全报告。安全报告应详细说明重大危险源的情况，可能引发事故的危险因素以及前提条件、安全操作和预防失误的安全措施、可能发生事故的类型、事故发生的可能性及后果、限制事故后果的措施、现场应急计划等。安全报告应根据重大危险源的变化以及新知识和新技术进展情况进行修改和增补，并由政府主管部门经常进行检查和评审。

（四）重大危险源的管理措施

确定重大危险源之后，应采取技术措施和组织措施对重大危险源进行严格的控制和管理。技术措施包括化学品的选用，设施的设计、建造、运行、维修以及有计划的检查；组织措施包括对人员的培训与指导，提供保证其安全的设备，确定工作人员水平、工作时间、职责等，管理外部合同工和现场临时工。

（五）事故应急计划

应急计划是重大危险源控制系统的重要组成部分。企业应负责制订现场应急计划，并定期检验和评估现场应急计划的有效程度，必要时要进行修订。场外应急计划由政府主管部门根据企业提供的安全报告和有关资料制订。应急计划的目的是抑制突发事件，减少事故对员工、居民和环境的危害。因此，应急计划应详尽、实用，具有明确和有效的技术组织措施。政府主管部门应保证发生事故时要采取的安全措施和正确做法的有关资料发给可能受事故影响的民众，并保证民众充分了解发生事故时的安全措施，一旦发生事故，应尽快报警。

（六）工厂选址和土地使用规划

政府有关部门应制定综合性的土地使用政策，确保重大危险源与居民区和其他工作场所、机场、水库、其他危险源和公共设施安全隔离。

三、政府对重大危险源进行宏观监控

对重大危险源进行普查、分级，并在制定有关重大危险源监察法规的基础上，明确存在重大危险源和企业对于危险源的管理责任及管理要求（包括组织制度、报告制度、监控管理制度及措施、隐患整改方案、应急措施方案等），促使企业建立重大危险源控制机制，确保安全；依据有关法规对存在重大危险源的企业实施分级管理，针对不同级别确定规范的现场监督方法，督促企业执行有关法规，建立监控机制，并督促隐患整改；建立健全新建、改建、扩建重大危险源申报、分级制度，使重大危险源管理规范化、制度化。同时与专业技术中介组织配合，根据企业规模等具体情况提供监控管理和技术指导；在各地开展工作的基础上，逐步建立全国范围内的重大危险源监控系统，以便各级安全监督部门及时了解、掌握重大危险源的状况，从而建立企业负责、安全监督部门监督的重大危险源监控系统。

企业对重大危险源的监控：掌握企业重大危险源的分布情况，了解发生事故的可能性及其严重程度，负责现场安全管理；对职工进行安全教育和培训，提高安全意识，对重大危险源所在区域进行安全标识；对重大危险源进行定期检查和巡检，随时掌握重大危险源的动态变化情况；当重大危险源发生变化时，要及时变更管理制度，如生产工艺、设备、材料、生产过程等因素发生变化之前进行危险分析和安全评价；编制场内事故应急处理预案，配备充足和必需的应急救援器材与工具，每年至少进行一次预案演练。

安全监督管理部门对重大危险源监控的职责：接受重大危险源申报，并进行登记；接收重大危险源安全评价报告，并审核；按重大危险源危险级别，实行分级监察和管理，建立所辖范围的重大危险源信息管理网络系统和安全管理责任制。

第二节　化工安全应急预案

为了贯彻落实“安全第一，预防为主，综合管理”的方针，规范化工企业生产安全应急管理工作，提高应对风险和防范事故的能力，迅速有效地控制和处置可能发生的事故，确保员工生命及企业财产安全，需结合化工企业实际情况，制定适用于化工企业危险化学品泄漏、火灾、爆炸、中毒和窒息等各类生产安全事故的化工安全应急预案。在应急工作中要坚守以下原则。

第一，以人为本，安全第一。发生事故时优先保护人的安全，岗位人员，救援人员必须做到处事不乱，应按预案要求尽可能地采取有效措施，若不能消除和阻止事故扩大，应采取正确的逃生方法迅速撤离，并迅速将险情上报，等待救援。

第二，统一指挥，分级负责。化工企业应急指挥部负责指挥其单位事故应急救援工作，按照各自职责，负责事故的应急处置。

第三，快速响应，果断处置。危险化学品事故的发生具有很强的突发性，可能在很短的时间内快速扩大，应按照分级响应的原则快速、及时启动应急预案。

第四，预防为主，平战结合。坚持事故应急与预防工作相结合，加强危险源管理，做好事故预防工作。开展培训教育，组织应急演练，做到常备不懈，提高企业员工安全意识，并做好物资和技术储备工作。

一、危险性分析

危险性分析的最终目的是要明确应急的对象、事故的性质及其影响范围、后果严重程度等，为应急准备、应急响应和减灾措施提供决策和指导依据。危险性分析包括危险识别、脆弱性分析和风险分析。①

对于现代化的化工生产装置需实行现代化安全管理，即从系统的观念出发，运用科学分析方法识别、评价、控制危险，使系统达到最佳安全状态。应用系统工程的原理和方法预先找出影响系统正常运行的各种事件出现的条件，可能导致的后果，并制定消除和控制这些事件的对策，以达到预防事故、实现系统安全的

① 王俊．化工安全事故的常见原因分析及预防措施 [J]. 化工设计通讯，2018，44（8）：169，175.

目的。辨别危险、分析事故及影响后果的过程就是危险性分析。具体危险性分析如下。

（一）易燃液体泄漏的危险性分析

易燃液体的泄漏主要有两种形式：一种是易燃液体蒸汽的泄漏，如分装过程的有机溶剂挥发等。另一种是易燃液体泄漏，如包装破损，腐蚀造成泄漏，固定管线，软管在作业完毕后内存残液流出，以及超灌溢出、码放超高坍塌泄漏等。

泄漏的易燃液体会沿着地面或设备设施流向低洼处，同时吸收周围热量，挥发形成蒸汽，因其较空气稍重，又会沿地面扩散，蹿入地下管沟，极易在非防爆区域或防爆等级较低的场所引起火灾爆炸事故。

（二）火灾、爆炸分析

化工企业经营、储存的危险化学品均具有易燃易爆特性，遇明火、高热、氧化剂能引起燃烧，其蒸汽与空气形成爆炸性混合气，当其蒸汽与空气混合物浓度达到爆炸极限时，遇到火源会发生爆炸事故。下面从形成火灾、爆炸的两个因素进行分析。

1. 存在易燃、易爆物质及形成爆炸性混合气体的情况

易燃液体在使用和储运过程中的温度越高，其蒸发量越大，就越容易引起燃烧、爆炸所需的蒸汽量，火灾爆炸危险性也就越大。

化工企业有机溶剂是桶装储存，卸车和分装过程由于操作失误或机械故障等原因可造成可燃液体泄漏或蒸发形成爆炸性混合物。

由于储存易燃液体的容器质量缺陷，存在密封不严、破损，造成液体泄漏或蒸发形成爆炸性混合物。

在搬运过程中不遵守操作规程，野蛮装卸，可能使包装破损液体泄漏或蒸发形成爆炸性混合物。

仓库通风不良，易燃液体的蒸汽不断积聚，最后达到爆炸极限浓度或在分装过程中发生泄漏，有可能形成爆炸性混合物。

废气废液中含有易燃易爆的残留物。

2. 着火源分析

动火作业是设备设施安装、检修过程中常用的作业方式，若违章动火或防护措施不当，易引发火灾爆炸事故。动火作业在经营过程中是不可避免的，但事故

却是可以预防的，关键在于要严格遵守用火、用电、动火作业安全管理制度，严格执行操作规程，落实防火监护人及防火措施。

作业现场吸烟。在“防火防爆十大禁令”中，烟火被列为第一位。因吸烟引发火灾爆炸事故时有发生。由于少数员工的安全意识差，在防爆区吸烟的现象是有可能出现的。

车辆排烟喷火。汽车是以汽油或柴油做燃料的。有时，在排出的尾气中夹带火星、火焰，这种火星、火焰有可能引起易燃易爆物质的燃烧或爆炸。因此，无阻火器的机动车辆在厂区内行驶，是很危险的。汽车排烟喷火带来的危险应引起高度重视。

电气设备产生的点火源。由于设计、选型工作的失误，造成部分电气设备选用不当，不能满足防火防爆的要求，在投产使用过程中，可能产生电火花、电弧，进而引起火灾爆炸事故。

电气设备在安装、调试或检修过程中，因安装不当或操作不慎，有可能造成过载、短路而出现高温表面或产生电火花，或者发生电气火灾，进一步引发火灾爆炸事故。人员违章操作、违章用电以及其他原因，也会制造出电火花、电气火灾等火源。

静电放电。由于原料液体、产品液体电阻率高，液体在分装、倾倒过程中流动相互摩擦能产生静电；若静电导除不良，有可能因静电积聚而产生静电火花，引燃易燃液体，造成火灾爆炸事故。

机械摩擦和撞击火花。金属工具、鞋钉等金属器件，相互之间或敲击设备，就有可能产生火花。

3. 物体打击危险分析

物体打击是指落物、滚石、捶击、碎裂、崩塌、砸伤等造成的伤害。若有防护不当，操作人员违章操作、误操作，则可能发生工具或其他物体从高处坠下，造成物体打击的危险。物体打击危险主要存在于设备检修及其他作业过程中，堆放的物料未放稳倒塌。

4. 触电危险分析

触电主要是指电流对人体的伤害作用。电流对人体的伤害可分为电击和电伤。电击是电流通过人体内部，影响人体呼吸、心脏和神经系统，造成人体内部组织的破坏，以致死亡。电伤主要是电流对人体外部造成的局部伤害，包括电弧烧伤，熔化金属渗入皮肤等伤害，以及两类伤害可能同时发生，不过绝大多数电气伤害事故都是由电击造成的。

在危险化学品经营、储存过程中造成触电的原因主要是人体触碰带电体，触碰带电体绝缘损坏处、薄弱点，触碰平常不带电的金属外壳（该处漏电，造成外壳带电），超过规范容许的距离，接近高压带电体等，均可能造成设备事故跳闸或人员触电伤害。

在电气设备装置、运行、操作、巡视、维护、检修工作中，由于安全技术组织措施不当，安全保护措施失效，违反操作规程，误操作、误入带电间隔、设备缺陷、设备不合格、维修不善、人员过失或其他偶然因素等，都可能造成人员触碰带电体，引发设备事故或人体触电伤害事故。

5. 机械伤害

机械伤害是指机械设备运动（静止）部件、工具、加工件直接与人体接触引起的夹击、碰撞、剪切、卷入、碾、割、刺等伤害。

化工企业使用消防泵等机械设备，在操作这些设备时，如设备传动部位无防护，设备本身设计有缺陷，操作人员违章操作，误操作，设备发生故障以及在检修设备时稍不注意就有可能导致机械伤害。

二、组织机构及职责

化工企业领导负责生产安全事故应急管理工作，其他有关部门主管按照业务分工负责相关类别生产安全事故的应急管理工作。化工企业总指挥指导企业生产安全事故应急体系建设，综合协调信息发布、情况汇总分析等工作。专业应急救援小组由企业有关部门领导和员工组成。

（一）总指挥职责

组织制定生产安全事故应急预案。

负责人员、资源配置、应急队伍的调动。

确定现场指挥人员。

协调事故现场的有关工作。

批准本预案的启动与终止。

授权在事故状态下各级人员的职责。

危险化学品事故信息的上报工作。

接受政府的指令和调动。

组织应急预案的演练。

负责保护事故现场及相关数据。

（二）副总指挥职责

协助总指挥开展应急救援工作。

指挥协调现场的抢险救灾工作。

核实现场人员伤亡和损失情况，及时向总指挥汇报抢险救援工作及事故应急处理的进展情况。

及时落实应急处理指挥中心领导的指示。

（三）抢险、技术和通信组职责

抢险、技术和通信组负责紧急状态下的现场抢修作业，包括以下内容：①泄漏控制、泄漏物处理。②设备抢修作业。③及时了解事故及灾害发生的原因及经过，检查装置生产工艺处理情况。④配合消防、救援人员进行事故处理及现场故障设施的抢修，如出现易燃易爆、有毒有害物质泄漏，有可能发生火灾爆炸或人员中毒时，协助有关部门通知人员立即撤离现场。⑤组织好事故现场与指挥部队及各队之间的通信联络，传达指挥部的命令。⑥检查通信设备，保持通信畅通。⑦及时掌握灾情发展变化情况，提出相应对策。⑧负责灾后全面检查，修复厂内的电气线路和用电设备，以便尽快恢复生产。

（四）灭火、警戒、保卫组职责

第一时间将受伤人员转移出事故现场，然后分头进行灭火和火源隔离。先到达的消防组负责用灭火器材扑灭火源，后到的组员用消防水枪进行火源隔离和重点部位防护，扑灭非油性或非电气类的火源，防止火情扩大。

负责对燃烧物质、火势大小作火灾记录，并及时向总指挥报告。

根据事故等级，带领组员在不同区域范围设立警戒线，禁止无关人员进入厂区或事故现场。

保护现场和有关资料及数据的完整。

布置安全警戒，禁止无关人员、车辆通行，保证现场井然有序。

（五）后勤、救护、清理组职责

组织救护车辆及医护人员、器材进入指定地点。

组织现场抢救伤员及伤员送往医院途中的救护。

进行防火，防毒处理。

发现人员受伤情况严重时，立即联系医院相关的部门前往救护，并选好停车救护地点。

负责（或负责协助医院救护人员）将受伤人员救离事故现场，并进行及时救治。

在医院救护车未能及时到达时，负责对伤者实施必要的处理后，立即将受伤者送往医院进行救治。

负责协助伤者脱离现场后的救护工作。

负责应急所需物资的供给、后勤保障，保障应急救援工作能迅捷、有条不紊地进行。

对调查完毕后的事故现场进行冲洗清理,并协助专业部门进行现场消毒工作。

三、预防与预警

（一）危险源监控

1. 危险源监控的方式方法

根据危险化学品的特点，对危险源采用操作人员日常安全检查、安全管理人员巡回检查、专业人员专项检查、领导定期检查以及节假日检查的方式实施监控。

2. 预防措施

严禁携带火种进入有易燃易爆品的危险区域。易燃易爆场所严禁使用能产生火花的任何工具。易燃易爆区域严禁穿化纤的工作服。

安装可燃气体检测报警仪，用于监控可燃气体的泄漏。张贴安全警示标志和职业危害告知牌。

危险化学品包装需采用合格产品，确保生产设备、设施及其储存设施等完好，防止毒害性物质的泄漏。

操作人员必须做好个体防护，佩戴相关的劳动防护用品。

作业现场配备应急药品。

（二）预警行动

1. 预警条件

当突然发生危险化学品泄漏、可能引发火灾爆炸事故造成作业人员受伤、已严重威胁到作业场所的人员和环境、非相关部门或相关班组力量所能施救的事件时，立即发出预警。

2. 预警发布的方式方法

采用内部电话（包括固定电话、手机等方式）或喊话进行报警，由第一发现人发出警报。报警时，应说明发生的事故类型和发生事故的地点。

3. 预警信息发布的流程

一旦发生危险化学品泄漏事故，第一发现人应当立即拨打电话或喊话向灭火、警戒、保卫组组长报告，灭火、警戒、保卫组组长向应急总指挥报告事故情况，必要时立即拨打 119 火警电话。

应急总指挥应根据事故的具体情况及危险化学品的性质，迅速成立现场指挥部，启动应急救援预案，组织各部门进行抢险救援和作业场所人员的疏散。

及时向上级主管部门报告事故情况和救援进度。

4. 预警行动

工作人员发现险情，经过企业当班安全员以上任意一名管理人员确认险情后，启动应急处置程序。

企业总经理负责组织指挥应急小组的各项应急行动。

生产部负责及时处理生产安全事故，并协助处理重大问题，上报总经理。

安全主任负责现场安全管理工作，对安全设备、设施进行安全检查，做好初期灾情的施救工作。

行政部负责通信联络及现场施救。

现场员工应停止作业，疏散进厂的车辆和人员；警戒人员应加强警戒，禁止无关人员进入作业场所。

如有运输车辆在装卸作业，应立即停止，迅速驶离厂区，停至外面空旷的安全地带。

义务消防员立即利用场内所配备的灭火器材，准备扑灭可能发生的明火。

清理疏通站内外消防通道，并派人员在公路显眼处迎接和引导消防车辆。

总经理应负责建立公司及周边应急岗位人员联系方式一览表。

向事故相关单位通告。

当事故危及周边单位、社区时，指挥部人员应向相关部门汇报并提出要求，组织周边单位撤离疏散或者请求援助。在发布消息时，必须发布事态的缓急程度，提出撤离的方向和距离，并明确应采取的预防措施，撤离必须有组织性。在向相关部门汇报的同时，安排企业员工直接到周边单位预警，告知企业发生的事故及要求周边单位协调、配合事项。

（三）信息报告与处置

1. 信息报告与通知

应急值守电话 24 小时有效的报警装置为固定电话，接警单位为值班室。

事故信息通报程序。企业事故信息通报程序是指企业总指挥收到企业事故信息时，立即用电话、广播等通信工具通报指挥部副总指挥、现场指挥和各成员，各应急救援小组按应急处理程序进行现场应急反应。

2. 信息上报内容和时限

根据《生产安全事故报告和调查处理条例》有关规定，一旦发生事故，按照下列程序和时间要求报告事故。

事故发生后，事故现场有关人员应当通报相关部门负责人，按预警级别立即向应急救援指挥部通报。情况紧急时，事故现场有关人员可以直接向应急总指挥部报告或拨打 119 或 120 报警。

应急总指挥接到事故报告后，应当于 1 小时内向市应急管理局报告。

事故信息上报。企业发生生产事故后，根据事故响应分级要求报告事故信息。

信息上报的内容：发生事故的单位、时间、地点、设备名称。事故的简要经过，包括发生泄漏或火灾爆炸的物质名称、数量、可能的最大影响范围和现场伤亡情况等。事故现场应急抢救处理的情况和采取的措施，事故的可控情况及消除或控制所需的处理时间等。其他有关事故应急救援的情况：事故可能的影响后果、影响范围、发展趋势等；事故报告单位、报告人和联系电话。

信息上报的时限。当企业发生危险化学品泄漏时，立即进行现场围堵、收容、清除等应急工作。当发生危险化学品火灾、爆炸事故时，立即向上报告。

四、应急响应

（一）响应分级

按照化工安全生产事故灾难的可控性、严重程度和影响范围，应急响应级别原则上分为Ⅰ级响应、Ⅱ级响应、Ⅲ级响应、Ⅳ级响应。

1. 出现下列情况之一启动Ⅰ级响应

造成 30 人以上死亡（含失踪），或危及 30 人以上生命安全，或者 100 人以上重伤（包括急性工业中毒，下同），或者直接经济损失 1 亿元以上的特别重大安全生产事故灾难。

需要紧急转移安置 10 万人以上的安全生产事故灾难。

超出省（区、市）政府应急处置能力的安全生产事故灾难。

跨省级行政区，跨领域（行业和部门）的安全生产事故灾难。

国务院认为需要国务院安委会响应的安全生产事故灾难。

2. 出现下列情况之一启动Ⅱ级响应

造成 10 人以上、30 人以下死亡（含失踪），或危及 10 人以上、30 人以下生命安全，或者 50 人以上、100 人以下重伤，或者 5000 万元以上、1 亿元以下直接经济损失的重大安全生产事故灾难。

超出地级以上市人民政府应急处置能力的安全生产事故灾难。跨地级以上市行政区的安全生产事故灾难。

省政府认为有必要响应的安全生产事故灾难。

3. 出现下列情况之一启动Ⅲ级响应

造成 3 人以上、10 人以下死亡（含失踪），或危及 3 人以上、10 人以下生命安全，或者 10 人以上、50 人以下重伤，或者 1000 万元以上、5000 万元以下直接经济损失的较大安全生产事故灾难。

需要紧急转移安置 1 万人以上、5 万人以下的安全生产事故灾难。超出县级人民政府应急处置能力的安全生产事故灾难。

发生跨县级行政区安全生产事故灾难。

地级以上市人民政府认为有必要响应的安全生产事故灾难。

4. 出现下列情况之一启动Ⅳ级响应

造成 3 人以下死亡，或危及 3 人以下生命安全，或者 10 人以下重伤，或者

1000 万元以下直接经济损失的一般安全生产事故灾难。

需要紧急转移安置 5000 人以上，1 万人以下的安全生产事故灾难。县级人民政府认为有必要响应的安全生产事故灾难。

（二）响应程序

化工企业对发生危险化学品事故实施应急响应。具体内容如下。

事故发生后，根据事故发展态势和现场救援进展情况，执行如下应急响应程序：①事故一旦发生，现场人员必须立即向总指挥报告，同时视事故的实际情况，拨打火警电话 119 和急救电话 120 向外求助。②总指挥接到事故报告后，马上通知各应急小组赶赴现场，了解事故的发展情况，积极投入抢险，并根据险情的不同状况采取有效措施（包括与外单位支援人员的协调，岗位人员的留守和安全撤离等）。③负责警戒的人员根据事故扩散范围建立警戒区，在通往事故现场的主要干道上实行交通管制，在警戒区的边界设置警示标志，同时疏散与事故应急处理工作无关的人员，以减少不必要的伤亡。④总指挥安排各应急小组按预案规定的职责分工，开展相应的灭火、抢险救援、物资供应等工作。⑤当难以控制紧急事态，事故危及周边单位时，启动企业Ⅰ级应急响应，通过指挥部直接联系政府以及周边单位支援，并组织厂内及周边单位相关人员立即进行撤离疏散。⑥事故无法控制时，所有人员应撤离事故现场。

（三）应急结束

1. 符合下列条件之一的，即满足应急终止条件

事故现场得到控制，事件条件已经消除。

事故造成的危害已被彻底清除，无继发可能。

事故现场的各种专业应急处置行动已无继续的必要。

2. 事故终止程序

由总指挥下达解除应急救援的命令，由后勤、救护、清理组通知各个部门解除警报，由灭火、警戒、保卫组通知警戒人员撤离，在涉及周边社区和单位的疏散时，由总指挥通知周边单位负责人员或者社区负责人解除警报。

3. 应急结束后续工作

（1）应急总结

应急终止后，事故发生部门负责编写应急总结，应急总结至少应包括：①事

件情况，如事件发生时间、地点、波及范围、损失、人员伤亡情况，事件发生的初步原因。②应急处置过程。③处置过程中动用的应急资源。④处置过程中遇到的问题，取得的经验和吸取的教训。

（2）对预案的修改建议

应急指挥部将应急总结和值班记录等资料进行汇总、归档，并起草上报材料。

4. 应急事件调查

按照事件调查组的要求，事故部门应如实提供相关材料，配合事件调查组取得相关证据。

五、后期处置

（一）污染物处理

应急抢险所用消防水，先倒入应急池，并委托有资质的污水处理单位进行处置。应急抢险所用其他固体废物，委托专业固体废物处理企业处理。

（二）生产秩序恢复

事故现场清理、洗消完毕；防止事故再次发生的安全防范措施落实到位；受伤人员得到治疗，情况基本稳定；设备、设施检测符合生产要求，经主管部门验收同意后恢复生产。

（三）善后赔偿

财产损失由财务部门进行统计，事故发生部门做好配合工作。发生人员伤亡的，由企业组织人员对受伤人员及其家属进行安抚，确定救治期间的费用问题。专职安全员准备工伤认定材料，按照工伤上报程序进行上报。协助当地人民政府做好善后处置工作，包括伤亡救援人员补偿、遇难人员补偿、亲属安置、征用物资补偿、救援费用支付、灾后重建、污染物收集、清理与处理等事项；负责恢复正常工作秩序，消除事故后果和影响，安抚受害和受影响人员，保证社会稳定。

（四）抢险过程和应急救援能力评估及应急预案的修订

由化工企业领导、专职安全员、行政部、生产部组建事件调查组，对事发原因、应急过程、损失、责任部门奖惩、应急需求等作出综合调查评估，形成调查报告，提交化工企业安全生产管理部门审核。由专职安全员负责对事故应急能力进行评估，并针对不足之处对应急预案进行修订。

六、保障措施

（一）通信与信息保障

建立以固定通信为主，移动通信、对讲通信为辅的应急指挥通信系统，保证在紧急情况下，预警和指挥信息畅通。定期对应急指挥机构、应急队伍、应急保障机构的通信联络方式进行更新。保证在紧急情况下，参加应急工作的部门、单位和个人信息畅通。

（二）应急队伍保障

通过补充人员，开展技能培训和应急演练，加强化工企业应急队伍建设。

（三）应急物资装备保障

分工做好物资器材维护保养工作：配备应急的呼吸器材，如空气呼吸器等；防爆工具，如铜质工具；可燃气体检测仪，防爆灯具；消防器材、人员防护装备。上述器材由安全生产管理人员专人保管，纳入班组日常管理，并每月定期检查保养，以备急用。

（四）经费保障

化工企业每年统筹安排的专项安全资金应用于应急装备配置和更新、应急物资的购买和储备、应急预案的编制和演练等。

（五）其他保障

消防设施配置图、应急疏散图、现场平面布置图、危险化学品安全技术说明书等相关资料由专职安全员负责管理。

第三节　常用危险化学品事故处置

一、扑救危险化学品火灾的总体要求

先控制，后消灭。针对危险化学品火灾的火势发展蔓延快和燃烧面积大的特点，积极采取统一指挥、以快制快、速战速决的灭火战术；堵截火势，防止蔓延；重点突破，排除险情；扑救人员要占领上风或侧风阵地；进行火势侦察、火势扑救、火场疏散的人员要有针对性地采取自我防护措施，如佩戴防护面具、穿戴防护服等；应迅速查明燃烧范围、燃烧物品及其周围物品的品名和主要危险特性、火势蔓延的主要途径；正确选择最适用的灭火剂和灭火方法。火势较大时，应先堵截火势蔓延，控制燃烧范围，然后逐步扑灭火灾；对有可能发生爆炸、爆裂、喷溅等特别危险需紧急撤离的情况，应按照统一的撤退信号及撤退方法及时撤离（撤退信号要格外醒目，能使现场人员都能看到，并应经常预先演练）；火灾扑灭后，起火单位应该保护现场，接受事故调查，协助公安消防监督部门和上级安全管理部门调查火灾原因，核定火灾损失，查明火灾责任，未经公安监督管理部门的同意，不得擅自清理火灾现场。①

二、扑救爆炸物品火灾时的基本方法和注意事项

爆炸物品都有专门的储存仓库。这类物品由于内部结构含有爆炸性基团，受摩擦、撞击、震动、高温等外界因素诱发，极易发生爆炸，遇明火则更危险。发生爆炸物品火灾时，一般应采取以下方法和注意事项：迅速判断和查明再次发生爆炸的可能性和危险性，紧紧抓住爆炸后和再次发生爆炸之前的有利时机，采取一切可能的措施，全力制止再次爆炸的发生；不能用沙土盖压，以免增强爆炸物品爆炸时的威力；如果有疏散的可能，人身安全确有可靠保障，应迅即组织力量及时疏散着火周围的爆炸物品，使着火区周围形成一个隔离带；扑救爆炸物品堆垛时，水流应采用吊射，避免强力水流直接冲击堆垛，以免堆垛倒塌引起再次爆炸；灭火人员应积极采取自我保护措施，尽量利用现场的地形、地物作为掩蔽体，

① 刘凯．化工安全应急救援培训效果评估研究 [D]. 廊坊：华北科技学院，2018.

或尽量采用卧姿等低姿射水。消防车辆不要停靠在离爆炸物品太近的地点；灭火人员发现有再次发生爆炸危险时，应立即向现场指挥报告，现场指挥应迅即做出准确判断，确有发生再次爆炸征兆或危险时，应立即下达撤退命令。灭火人员看到或听到撤退信号后，应迅速撤至安全地带，来不及撤退时，应立即就地卧倒。

三、扑救压缩气体和液化气体的火灾

压缩气体和液化气体总是被储存在不同的容器内，或通过管道输送。其中储存在较小钢瓶的气体压力较高，受热或受火焰熏烤容易发生爆裂。气体泄漏后遇着火源已形成稳定燃烧时，其发生爆炸或再次发生爆炸的危险性与可燃气体泄漏未燃时相比要小得多。遇压缩气体或液化气体火灾时一般应采用以下基本方法：扑救气体火灾切忌盲目灭火，即使在扑救周围火势以及冷却过程中不小心把泄漏处的火焰扑灭了，在没有采取堵漏措施的情况下，也必须用长火棒将其点燃，使其恢复稳定燃烧。否则，大量可燃气体泄漏出来与空气混合，遇着火源就会发生爆炸，后果将不堪设想。首先应扑灭外围被火源引燃的可燃物火势，切断火势蔓延途径，控制燃烧范围，并积极抢救受伤和被困人员；如果火势中有压力容器或有受到火焰辐射热威胁的压力容器，能疏散的应尽量在水枪的掩护下疏散到安全地带，不能疏散的应部署足够的水枪进行冷却保护。为防止容器爆裂伤人，进行冷却的人员应尽量采用低姿射水或利用现场坚实的掩蔽体防护。对卧式储罐，冷却人员应选择储罐四侧角作为射水阵地。如果是输气管道泄漏着火，应首先设法找到气源阀门。阀门完好时，只要关闭气体阀门，火势就可自动熄灭；罐或管道泄漏关阀无效时，应根据火势大小判断气体压力和泄漏口的大小及其形状，准备好相应的堵漏材料（如软木塞、橡皮塞、气囊塞、黏合剂、弯管工具等）。堵漏工作准备就绪后，既可用水扑救火势，也可用干粉二氧化碳灭火，但仍需用水冷却烧烫的罐壁。火扑灭后，应立即用堵漏材料堵漏，同时用雾状水稀释和驱散泄漏出来的气体。如果一次堵漏没有成功，再次堵漏需一定时间，应立即用长火棒将泄漏处点燃，使其恢复稳定燃烧，以防止爆炸，并准备再次堵漏；如果确认堵漏口太大而无法堵漏，只需冷却着火容器及其周围容器和可燃物品，直至燃气燃尽，火势自动熄灭。现场指挥员应密切注意各种危险征兆，必须做出适时准确判断，及时下达撤退命令。现场人员看到或听到事先规定的撤退信号时，应迅速撤退至安全地带。气体储罐或管道阀门处泄漏着火时，在特殊情况下，只要判断阀门还有效，也可违反常规，先扑灭火势，再关闭阀门。一旦发现关闭已无效，一时又无法堵漏时，应迅速点燃，恢复稳定燃烧。

四、易燃液体的储存和输送的特点

易燃液体通常也是储存在容器内或用管道输送的，与气体不同的是，液体容器有的密闭，有的敞开，一般都是常压，只有反应釜及输送管道的压力较高。液体不管是否着火，如果发生泄漏或溢出，都将顺着地面流淌或水面漂散，而且易燃液体还有相对密度或水溶性等涉及能否用水和普通泡沫扑救的问题，以及危险性很大的沸溢和喷溅问题，因此，扑救易燃液体火灾往往也是一场艰难的战斗。

（一）扑救易燃液体火灾的基本方法

遇有易燃液体火灾，一般采用以下方法扑救：首先应切断火势蔓延的途径，冷却和疏散受火势威胁的密闭容器和可燃物，控制燃烧范围，积极抢救受伤和被困人员。如有液体流淌时，应筑堤拦截漂散流淌的易燃液体或挖沟导流，及时了解和掌握着火液体的品名、密度、水溶性以及有无毒害、腐蚀、沸溢、喷溅等危险性，以便采取相应的灭火和防护措施。对较大的储罐或流淌火灾，应准确判断着火面积。$50m^2$ 以内的小面积液体火灾，一般用雾状水扑灭，用泡沫、干粉、二氧化碳灭火更有效。大面积液体火灾必须根据其相对密度、水溶性和燃烧面积大小，选择正确的灭火剂扑救。相对密度小于 1 的液体，用直流水、雾状水灭火往往无效，可用普通蛋白泡沫或轻水泡沫扑火。相对密度大于 1 的液体火灾可用水扑救，水能覆盖在液面上灭火，用泡沫也有效。具有水溶性的液体火灾，最好用抗溶性泡沫扑救。用干粉扑救时，灭火效果要视燃烧面积大小和燃烧条件而定，最好用水冷却罐壁，以降低燃烧强度。扑救毒害性、腐蚀性或燃烧产物毒害性较强的易燃液体火灾，扑救人员必须佩戴防护面具，采取预防措施；扑救原油和重油等具有沸溢和喷溅危险的液体火灾，必须估计出可能发生沸溢、喷溅的时间，观察是否有沸溢、喷溅的征兆。指挥员发现危险征兆时应迅即做出判断，及时下达撤退命令，避免造成人员伤亡和财产损失。扑救人员看到或听到统一撤退信号后，应立即撤退至安全地带。遇有易燃液体管道或储罐着火，在切断蔓延方向，把火势限制在一定范围内的同时，对输送管道应设法找到并关闭进、出口阀门。如果管道阀门已损坏或是储罐泄漏，应迅速准备好堵漏材料，然后用泡沫、干粉、二氧化碳或雾状水等扑灭地上的流淌火焰，为堵漏扫清障碍，再扑灭泄漏口的火焰，并迅速采取堵漏措施。与气体堵漏不同的是，液体一次堵漏失败，可连续堵几次，只需用泡沫覆盖地面，并堵住液体流淌和控制好周围着火源，不必点燃泄漏口的液体。

（二）扑救易燃固体、自燃物品的火灾

易燃固体、自燃物品的火灾一般都可用水和泡沫扑救，比其他种类的危险化学品容易扑救，只要控制住燃烧范围，逐步灭火即可。但有少数易燃固体、自燃物品的扑救方法比较特殊，2,4- 二硝基苯甲醚、2- 硝基萘等是能升华的易燃固体，受热发出易燃蒸汽。火灾可用雾状水、泡沫扑救，并切断火势蔓延途径。但应注意，不能以为明火焰扑灭即已完成灭火工作，受热后升华的易燃蒸汽能在不知不觉中飘逸，在上层与空气能形成爆炸性混合物，尤其是在室内，易发生爆燃。所以，扑救这类火灾时，千万不要被假象所迷惑。在扑救过程中应不时向燃烧区域上空及周围喷射雾状水，并用水浇灭燃烧区域及其周围的一切火源。黄磷的自燃点很低，是在空气中能很快氧化升温并自燃的物品。遇黄磷火灾首先应切断火势蔓延途径，控制燃烧范围。对着火的黄磷应用低压水或雾状水扑救。高压直流水冲击能引起黄磷飞溅，导致灾害扩大。黄磷熔融液体流淌时应用泥土、沙袋等筑堤拦截并用雾状水冷却，对磷块和冷却后已固化的黄磷，应用钳子将其储入水容器中。来不及钳时可先用沙土掩盖，但应做好标记，等火势扑灭后，再逐步集中到储水容器中。对少数易燃固体和自燃物品不能用水和泡沫扑救的，如三硫化磷、铝粉、烷基铝、保鲜粉等，应根据具体情况区别处理，可选用干砂和不用压力喷射的干粉扑救。

（三）扑救遇湿易燃物品火灾的基本方法

遇湿易燃物品能和水或在潮湿情况下发生化学反应，产生可燃气体和热量，有时即使没有明火也能自动着火或爆炸，如金属钾、钠以及三乙基铝（液态）等。因此，这类物品有一定数量时，绝对禁止用水、泡沫等湿性灭火剂扑救。对这类易燃物品应采用以下方法：首先了解清楚遇湿易燃物品的品名、数量、是否与其他物品混存、燃烧范围、火势蔓延途径；如果只有极少量（一般 50 g 以内）遇湿易燃物品，不管是否与其他物品混存，仍可用大量的水或泡沫扑救。水或泡沫刚接触着火点时，短时间内可能会使火焰增大，但少量遇湿易燃物品燃尽后，火势很快就会减小或熄灭；如果遇湿易燃物品数量较多，且未与其他物品混存，则绝

对禁止用水或泡沫等湿性灭火剂扑救。固体遇湿易燃物品应用水泥、干砂、干粉、硅藻土、蛭石等覆盖，水泥是扑救遇湿易燃物品最容易得到的灭火剂。对粉尘类的遇湿易燃物品（如铝粉等），切忌喷射有压力的灭火剂，防止将粉尘吹扬起来，与空气形成爆炸性混合物而导致爆炸。如果其他物品火灾威胁到相邻的物品，应将其迅速疏散至安全地点。如果遇湿易燃物品较多，一时难以转移，应先用油布或塑料膜等其他防水布将其遮盖好，再在上面盖上棉被并淋上水。如果遇湿易燃物品堆放地势不太高，可在其周围用土筑一道防水堤。在用水或泡沫扑救火灾时，对相邻的遇湿易燃物品应留有一定的力量监护。

五、扑救氧化剂和有机过氧化物的火灾的特点

氧化剂和有机过氧化物既有固体、液体，又有气体，有些氧化剂本身不燃，但遇可燃物品或酸碱能着火、爆炸，有机过氧化物本身就能着火、爆炸，危险性特别大，扑救时要特别注意人身防护。不同的氧化物和有机过氧化物火灾，有的可用水和泡沫扑救，有的不能；有的不能用二氧化碳扑救，扑救氧化剂和有机过氧化物火灾是一场复杂而艰巨的任务。

扑救氧化剂和有机过氧化物的火灾一般采用如下方法：迅速查明着火或反应的氧化剂和有机过氧化物以及其他燃烧物的品名、数量、主要危险特性、燃烧范围、火势蔓延途径、能否用水或泡沫扑救。不能用水或泡沫扑救时，应尽量切断火势蔓延，使着火区孤立，限制燃烧范围，同时应积极抢救受伤和被困人员；不能用水、泡沫、二氧化碳扑救时，应用干粉、水泥、干砂覆盖。覆盖时应先从着火区域四周，尤其是下风等火势主要蔓延方向盖起，形成孤立火势的隔离带，然后逐步向着火点逼近。由于大多数氧化剂和有机过氧化物遇酸会发生剧烈爆炸，如过氧化钠、过氧化钾、氯酸钾、高锰酸钾、过氧化二苯甲酰等。因此，专门生产、经营、储存、运输、使用这类物品的单位和场合对泡沫和二氧化碳也应慎用。

六、毒害品、腐蚀品火灾的特点

毒害品和腐蚀品对人体都有一定的危害。毒害品主要是经口或吸入蒸汽或通过皮肤接触引起人体中毒。腐蚀品是通过皮肤接触使人体形成化学灼伤。有些有毒品、腐蚀品能着火，有的本身并不着火，但与其他可燃物品接触后能着火。这类物品发生火灾时要及时扑救，并需要特别防护。

（一）扑救毒害品、腐蚀品火灾的基本方法

灭火人员必须穿着防护服，佩戴防毒面具。一般情况下采用全身防护，对有特殊需求的物品发生火灾，应使用专用防护服。考虑到过滤式防毒范围的局限性，在扑救毒害品火灾时应尽量使用隔绝式氧气或空气面具。为了在火场上能正确使用和适应，平时应进行严格的适应性训练，积极抢救受伤和被困人员，限制燃烧范围。毒害品、腐蚀品火灾极易造成人员伤亡，灭火人员在采取防护措施后，应立即投入寻找和抢救受伤、被困人员的工作，并努力限制燃烧范围。扑救时应尽量使用低压水流或雾状水，避免腐蚀品、毒害品溅出。遇毒害品、腐蚀品容器泄漏，在扑救火势后应采取堵漏措施。腐蚀品应用防腐材料堵漏；浓硫酸遇水能放出大量的热，会导致沸腾飞溅，需要特别注意防护。扑救浓硫酸与其他可燃物品接触发生火灾，浓硫酸不多时，可用大量低压水快速扑救。如果浓硫酸量很大，应先用二氧化碳、干粉等灭火，然后再把着火物品与浓硫酸分开。

放射性物品的火灾的特点：放射性物品是指能放射出人类肉眼看不见但能严重损害人类生命和健康的α、β、γ射线和中子流的特殊物品。扑救这类物品的火灾必须采取特殊的能防护射线照射的措施。平时经营、储存、运输和使用这类物品的单位及消防部门，应配备一定数量防护装备和放射性测试仪器。

扑救放射性物品的火灾：先派出精干人员携带放射性测试仪器，测试辐射（剂）量和范围。测试人员要采取防护措施。对辐射（剂）量超过 0.0387 C/kg 的区域，应设置写有“危及生命、禁止进入”的文字说明的警告标志牌。对辐射（剂）量小于 0.0387 C/kg 的区域，应设置写有“辐射危险、请勿接近”的警告标志牌。测试人员应进行不间断巡回监测；对辐射（剂）量大于 0.0387 C/kg 的区域，灭火人员不能深入辐射源纵深灭火。对辐射（剂）量小于 0.0387 C/kg 的区域，可快速用水灭火或用泡沫、二氧化碳、干粉扑救，并积极抢救受伤人员；对燃烧现场包装没有破损的放射性物品，可在水枪的掩护下佩戴防护装备，设法疏散。无法疏散时，应就地冷却保护，防止造成新的破损，增加辐射（剂）量；对已破损的容器切忌搬动或用水流冲击，以防止放射性沾染范围扩大。

人身中毒的途径有：①呼吸道。整个呼吸道都能吸收毒物，尤以肺泡的吸收能量最大。肺泡的总面积达 55 ~ 120 m^2，而且肺泡壁很薄，表面为含碳酸的液体所湿润，又有丰富的微血管，毒物吸收后可直接进入大循环而不经肝脏解毒。②皮肤。在搬运商品等操作过程中，毒物能通过皮肤吸收，其吸收的数量和速度，

除与其脂溶性、水溶性浓度等有关外，皮肤温度升高，出汗增多，也能促使黏附于皮肤上的毒物易于吸收。③消化道。操作中，毒物经消化道进入体内的机会较少，主要由于手被毒物污染未彻底清洗而取食物，或将食物、餐具放在现场被污染，或误服等。

（二）急性中毒的现场处理

吸入中毒者，应迅速脱离中毒现场，向上风向转移至空气新鲜处，松开中毒者衣领和裤带，并注意保暖；化学毒物污染皮肤时，应迅速脱去污染的衣服、鞋袜等，用大量流动清水冲洗 15 ～ 30 min。头、面部受污染时，首先注意眼睛的冲洗；口服中毒者，如为非腐蚀性物质，应立即用催吐方法使毒物吐出。现场可用自己的中指、食指刺激咽部、压舌根的方法催吐，也可由旁人用羽毛或筷子一端扎上棉花刺激咽部催吐。催吐时尽量低头、身体向前弯曲，呕吐物不会呛入肺部。误服强酸、强碱，催吐后反而使食管、咽喉再次受到严重损伤，可服用牛奶、蛋清等。对失去知觉者，呕吐物可误吸入肺或误喝了石油类物品，易流入肺部引起肺炎。有抽搐、呼吸困难、神志不清或吸气时有吼声者均不能催吐。对中毒引起呼吸、心脏骤停者，应进行心肺复苏术，主要的方法有口对口人工呼吸和心脏胸外挤压术。中毒者经急救后，应立即送往医院，护送者要向医院提供引起中毒的原因、毒物名称等。如果化学毒物不明，则需携带该物料及呕吐物的样品，以供医院及时检测。

参加救护的人员应做好个人防护：参加救护人员必须做好个人防护，进入中毒现场必须戴防毒面具或供氧式防毒面具。如果时间短，对水溶性毒物，如常见的氯、氨、硫化氢等，可暂用浸湿的毛巾捂住口鼻等。在抢救病人的同时，想方设法阻断毒物泄漏，防止毒物蔓延扩散。

七、化学性皮肤烧伤的急救

化学性皮肤烧伤的现场处理方法是立即移离现场，迅速脱去被化学物污染的衣裤、鞋袜等，并进行下述处理：酸、碱或其他化学物烧伤，应立即用大量流动自来水或清水冲洗创面 15 ～ 30 min；新鲜创面上不要任意涂上油膏或红药水，不要用脏布包裹；黄磷烧伤时应用大量水冲洗、浸泡或用多层湿布覆盖创面；烧伤病人要及时送往医院；烧伤的同时，往往合并骨折、出血等外伤，在现场也要及时处理。

化学性眼烧伤的急救：迅速在现场用流动清水进行冲洗，千万不要未经冲洗处理而急于送往医院；冲洗时眼皮一定要掰开；如果无冲洗设备，可把头部埋入清洁水盆中，把眼皮掰开，眼球来回转动洗涤；电石、生石灰颗粒溅入眼内，应先用蘸石蜡油或植物油的棉签，去除颗粒后再用水冲洗。

第四节　危险化学品事故现场急救技术

现场救护是指在事发现场对伤员实施及时、有效的初步救护，是立足于现场的抢救。事故发生后的几分钟、十几分钟是抢救危重伤员最重要的时刻，医学上称其为"救命的黄金时刻"。在此时间内，抢救及时、正确，生命有可能被挽救；反之，生命可能会丧失或病情加重。现场及时、正确的救护，能为医院救治创造条件，最大限度地挽救伤员的生命和减轻伤残。在事故现场，"第一目击者"应对伤员实施有效的初步紧急救护措施，以挽救生命，减轻伤残和痛苦。然后，在医疗救护下运用现代救援服务系统，将伤员迅速就近送到医疗机构，继续进行救治。

一、现场救护伤情判断

在进行现场救护时，抢救人员要发扬救死扶伤的人道主义精神，要在迅速通知医疗急救单位前来抢救的同时，沉着、灵活、迅速地开展现场救护工作。遇到大批伤员时，要组织群众进行自救互救。在急救中要坚持先抢后救、先重后轻、先急后缓的原则。对大出血、神志不清、呼吸异常或呼吸停止、脉搏微弱或心跳停止的危重伤病员，要先救命后治伤。对多处受伤的伤员一般要先维持呼吸道通畅、止住大出血，处理休克和内脏损伤，然后处理骨折，最后处理伤口，分清轻重缓急，及时开展急救。常用的生命指征有神志、呼吸、血液循环、瞳孔等。呼吸停止、心跳停止和双侧瞳孔固定散大是死亡的三大特征。①

为了有效实施现场救护，应掌握止血术、心肺复苏术、包扎术等通用现场急救技术。

① 邵辉．化工安全 [M]. 北京：冶金工业出版社，2012.

二、止血术

血液是维持生命的重要物质，成年人血容量约占体重的8%，即4000～5000 mL，如出血量为总血量的20%（800～1000 mL）时，会出现头晕、脉搏增快、血压下降、出冷汗、肤色苍白、少尿等症状，如出血量达总血量的40%（1600～2000 mL）时，就有生命危险。出血伤员的急救，拖延几分钟就会危及生命。因此，外伤出血是最需要急救的危重症，止血术是外伤急救技术之首。外伤出血分为内出血和外出血。内出血主要到医院救治，外出血是现场急救重点。理论上将出血分为动脉出血、静脉出血、毛细血管出血。动脉出血时，血色鲜红，有搏动，量多，速度快；静脉出血时，血色暗红，缓慢流出；毛细血管出血时，血色鲜红，慢慢渗出。若当时能鉴别，对选择止血方法有重要价值，但有时受现场光线等条件的限制，往往难以区分。现场止血术要根据具体情况，选用一种或把几种止血法结合一起应用，以最快，最有效，最安全地达到止血目的。

（一）指压动脉止血法

指压动脉止血法适用于头部和四肢某些部位的大出血。方法为用手指压迫伤口近心端动脉，将动脉压向深部的骨头，阻断血液流通。这是一种不要任何器械，简便、有效的止血方法，但因为止血时间短暂，常需要与其他方法结合进行。

（二）直接压迫止血法

直接压迫止血法适用于较小伤口的出血，用无菌纱布直接压迫伤口处，压迫约10 min。

（三）加压包扎止血法

加压包扎止血法适用于各种伤口，是一种比较可靠的非手术止血法。先用无菌纱布覆盖压迫伤口，再用三角巾或绷带用力包扎，包扎范围应该比伤口稍大。这是一种目前最常用的止血方法，在没有无菌纱布时，可使用消毒丝巾、餐巾等替代。

（四）填塞止血法

填塞止血法适用于颈部和臀部较大而深的伤口。先用镊子夹住无菌纱布塞入伤口内，如一块纱布止不住出血，可再加纱布，最后用绷带或三角巾绕颈部至对侧臂根部包扎固定。

（五）止血带止血法

止血带止血法只适用于四肢大出血，当其他止血法不能止血时才用此法。止血带有橡皮止血带（橡皮条和橡皮带）、气性止血带（如血压计袖带）和布制止血带，但其操作方法各不相同。

三、心肺复苏术

心肺复苏术简称 CPR，就是当呼吸中止及心跳停顿时，合并使用人工呼吸及心外按摩来进行急救的一种技术。人员因气体中毒、异物堵塞呼吸道等导致的呼吸中止、心跳停顿，在医生到来前，均可利用心肺复苏术维护脑细胞及器官组织不致坏死。

（一）心肺复苏的步骤

将病人平卧在平坦的地方，急救者一般站或跪在病人的右侧，左手放在病人的前额上用力向后压，右手放在下颏沿，将头部向上向前抬起。注意让病人仰头，使病人的口腔、咽喉轴呈直线，防止舌头阻塞气道口，保持气道通畅。

人工呼吸。抢救者右手向下压颏部，撑开病人的口，左手拇指和食指捏住鼻孔，用双唇包封住病人的口外部，用中等的力量，按每分钟 12 次，每次 800 mL 的吹气量，进行抢救。一次吹气后，抢救者抬头作一次深呼吸，同时松开左手。下次吹气按上一步骤继续进行，直至病人有自主呼吸为止。注意吹气不宜过大，时间不宜过长，以免发生急性胃扩张。同时观察病人气道是否畅通，胸腔是否被吹起。

胸外心脏按压。抢救者在病人的右侧，左手掌根部置于病人胸前胸骨下段，右手掌压在左手背上，两手的手指翘起不接触病人的胸壁，伸直双臂，肘关节不弯曲，用双肩向下压而形成压力，将胸骨下压 4 ~ 5 cm（小儿为 1 ~ 2 cm）。注意按压部位不宜过低，以免损伤肝、胃等内脏。压力要适宜，过轻不足以推动血液循环；过重会使胸骨骨折，造成气胸或血胸。

按压 30 次之后做两次人工呼吸，通常一个抢救周期为 3 轮，也就是按压 90 次、人工呼吸 6 次。经过 30 min 的抢救，若病人瞳孔由大变小、能自主呼吸、心跳恢复、发绀消退等，可认为复苏成功。终止心肺复苏术的条件：已恢复自主的呼吸和脉搏；有医务人员到场；心肺复苏术持续 1 h 之后，伤者瞳孔散大固定、心脏不跳动，呼吸不恢复，表示脑及心脏死亡。

（二）心肺复苏的注意事项

人工呼吸吹气量不宜过大，一般不超过 1200 mL，胸廓稍起伏即可。吹气时间不宜过长，过长会引起急性胃扩张、胃胀气和呕吐。吹气过程要注意观察患（伤）者气道是否通畅，胸廓是否被吹起。

胸外心脏按压只能在患（伤）者心脏停止跳动下才能施行。

口对口吹气和胸外心脏按压应同时进行，严格按吹气和按压的次数比例操作，吹气和按压的次数过多和过少均会影响复苏的成败。

胸外心脏按压的位置必须准确。不准确容易损伤其他脏器。按压的力度要适宜，过大过猛容易使胸骨骨折，引起气胸血胸；按压的力度过轻，胸腔压力小，不足以推动血液循环。

施行心肺复苏术时应将患（伤）者的衣扣及裤带解松，以免引起内脏损伤。

四、包扎术

包扎术是化工安全事故中医疗应急救护中的基本技术之一，可直接影响伤病员的生命安全和健康恢复。常用的包扎材料有三角巾和绷带，也可以用其他材料代替。

（一）三角巾包扎法

头部包扎：将三角巾的底边折叠两层约二指宽，放于前额齐眉以上，顶角拉向后颅部，三角巾的两底角经两耳上方，拉向枕后，先作一个半结，压紧顶角，将顶角塞进结里，然后再将左右底角到前额打结。

面部包扎：在三角巾顶处打一结，套于下颏部，底边拉向枕部，上提两底角，拉紧并交叉压住底边，再绕至前额打结。包完后在眼、口鼻处剪开小孔。

手、足包扎：手（足）心向下放在三角巾上，手指（脚趾）指向三角巾顶角，两底角拉向手（足）背，左右交叉压住顶角绕手腕（踝部）打结。

膝、肘关节包扎：三角巾顶角向上盖在膝、肘关节上，底边反折向后拉，左右交叉后再向前拉到关节上方，压住顶角打结。

胸背部包扎：取燕尾巾两条，底角打结相连，将连接置于一侧腋下的季肋部，另外两个燕尾底边角围绕胸背部在对侧打结。然后将胸背燕尾的左右两角分别拉向两肩部打结。

（二）绷带包扎

绷带包扎法：用绷带包扎时，应从远端向近端，绷带头必须压住，即在原处环绕数周，以后每缠一周要盖住前一周的 1/3 ～ 1/2。

螺旋包扎法：包扎时，做单纯螺旋上升，每一周压盖前一周的 1/2，多用于肢体和躯干等处。

（三）应急救援包扎技术的注意事项

动作要迅速准确，不能加重伤员的疼痛、出血和污染伤口。

包扎不宜太紧，以免影响血液循环；包扎太松会使敷料脱落或移动。

最好用消毒的敷料覆盖伤口，紧包时也可用清洁的布片。

包扎四肢时，指（趾）最好暴露在外面，以便观察血液循环。

应用三角巾包扎时，边要固定，角要拉紧，中心伸展，包扎要贴实，打结要牢固。

参考文献

[1] 黎伟泉 . 设备拆装与维护实训 [M]. 广州：华南理工大学出版社，2012.

[2] 李红亚 . 化工设备机械基础 [M]. 成都：电子科技大学出版社，2023.

[3] 廖传华，朱廷风，柴本银 . 设备检修与维护 [M]. 北京：中国石化出版社，2008.

[4] 马桂香，范剑明 . 化工设备操作与维护 [M]. 长春：吉林大学出版社，2017.

[5] 潘传九 . 化工设备机械基础 [M]. 北京：化学工业出版社，2002.

[6] 彭芳，张剑峰 . 化工设备实训指导 [M]. 北京：北京理工大学出版社，2012.

[7] 邵辉 . 化工安全 [M]. 北京：冶金工业出版社，2012.

[8] 谭蔚 . 化工设备设计基础 [M].4 版 . 天津：天津大学出版社，2021.

[9] 王乐平，朱玉梅，马娟 . 化工设备与机械 [M]. 北京：北京工业大学出版社，2019.

[10] 谢古城，张燕莉 . 化工设备检修与维护 [M]. 北京：北京理工大学出版社，2013.

[11] 许春树 . 化工设备使用与维护 [M]. 北京：中央广播电视大学出版社，2012.

[12] 张剑峰，张爱滨 . 化工设备安装与维修 [M]. 北京：北京理工大学出版社，2012.

[13] 张忠 . 化工设备操作及维护 [M]. 太原：山西科学技术出版社，2015.

[14] 李瑾，刘立峰 . 新时期化工企业生产安全和应急管理 [J]. 化工设计通讯，2024，50（2）：156–158，162.

[15] 马亚朋 . 化工机械设备安装工程的质量控制 [J]. 石化技术，2024，31（4）：149–150.

[16] 王俊 . 化工安全事故的常见原因分析及预防措施 [J]. 化工设计通讯，2018，44（8）：169，175.

[17] 夏文 . 化工机械设备维护维修与安全管理分析 [J]. 价值工程，2020，39（36）：157–158.

[18] 叶向洋 . 化工机械安全管理的创新探讨 [J]. 中国石油和化工标准与质量，2023，43（17）：80–82.

[19] 张景辉 . 优化化工机械安全设计预防化工安全事故 [J]. 中国石油和化工标准与质量，2023，43（14）：98–100.

[20] 刘凯 . 化工安全应急救援培训效果评估研究 [D]. 廊坊：华北科技学院，2018.